江苏·
优秀建筑设计选编
2021

SELECTION OF EXCELLENT ARCHITECTURAL DESIGN,
JIANGSU PROVINCE. 2021

江苏省住房和城乡建设厅　主编

中国建筑工业出版社

图书在版编目（CIP）数据

江苏·优秀建筑设计选编 . 2021 = SELECTION OF EXCELLENT ARCHITECTURAL DESIGN, JIANGSU PROVINCE. 2021 / 江苏省住房和城乡建设厅主编 . —北京：中国建筑工业出版社，2024.5
ISBN 978-7-112-29874-7

Ⅰ.①江…　Ⅱ.①江…　Ⅲ.①建筑设计—作品集—江苏—现代　Ⅳ.①TU206

中国国家版本馆CIP数据核字（2024）第101834号

责任编辑：张智芊　宋　凯
责任校对：李美娜

江苏·优秀建筑设计选编2021
SELECTION OF EXCELLENT ARCHITECTURAL DESIGN, JIANGSU PROVINCE. 2021
江苏省住房和城乡建设厅　主编

*

中国建筑工业出版社出版、发行（北京海淀三里河路9号）
各地新华书店、建筑书店经销
华之逸品书装设计制版
北京富诚彩色印刷有限公司印刷

*

开本：965毫米×1270毫米　1/16　印张：23　字数：788千字
2024年5月第一版　　2024年5月第一次印刷
定价：**180.00**元
ISBN 978-7-112-29874-7
（42814）

版权所有　翻印必究
如有内容及印装质量问题，请与本社读者服务中心联系
电话：（010）58337283　QQ：2885381756
（地址：北京海淀三里河路9号中国建筑工业出版社604室　邮政编码：100037）

江苏·优秀建筑设计选编2021 编委会

顾 问
王建国
时 匡　冯正功　韩冬青

编委会主任
周 岚　费少云

编委会副主任
刘大威

编委会委员
何伶俊　刘宇红　韩冬青　冯正功　查金荣　冯金龙
卢中强　汪 杰　张应鹏　肖鲁江　黄 辉　沈吉鸿
陈雪峰　仇玲柱　谢进才　史政达　彭 峻　王晓东
王开亮　王友君　秦 浩　张宏春　陶伯龙　宇文家胜
　　　　　　　　　　　　　　许向前　刘 江

主编人员
刘大威　查金荣

执行主编人员
何伶俊　蔡 爽

编辑人员
罗荣彪　叶精明　吴 昊　黄 靖　申一蕾

序 Preface

"当我们想起任何一种重要文明的时候，我们有一种习惯，就是用伟大的建筑来代表它。"伟大的新时代呼唤着伟大的建筑，推动时代建筑精品的塑造，不仅是时代赋予当代建筑师的使命和担当，也是我们建筑师的初心和责任。

江苏，是中华文明的发祥地之一，拥有悠久的历史和灿烂的文化。今天的江苏，至今保有大量优秀的历史建筑遗存和名人名作，是历史文化名城最多的省份。我曾经用"吴风楚韵、历久弥新；意蕴深绵、华夏中枢"来概括江苏建筑文化积淀丰厚并充满当代活力，在中国有其突出的地位。在这样深厚的文化本底上进行设计与建设，需要有更深的文化理解和更高的设计追求。

近年来，江苏围绕城乡空间品质提升和建筑文化开展了多元化探索，既有"建筑文化特质及提升策略""传统建筑营造技艺调查"等丰厚的学术调查研究成果，又有政府政策机制层面推动行业人才、时代精品以及鼓励行业创新创优多元化平台的丰富实践。2011年发布"江苏共识"提出创造时代建筑精品，2014年起每年举办"紫金奖·建筑及环境设计大赛"，2019年创新举办"江苏·建筑文化讲堂"，在适应城乡巨变的同时致力于推动丰富多彩、与时俱进的建筑设计和建筑文化发展，在全省乃至全国都获得了良好反响和认可。

新时代、新要求、新期望，建筑师们结合对社会、对时代、对城市的思考和探索，在江苏大地上创作了一批适应社会需求、体现时代精神、具有地域文化特色的精品建筑，不仅为城市经济社会建设的飞跃发展和人居环境改善提供了有力的支持，也是城市时代变迁中的新面貌、新形象、新精神的生动写照。《江苏·优秀建筑设计选编2021》收录了全省2021年度优秀建筑设计获奖作品，以图文并茂的形式呈现，让读者在翻阅中直观感受精品建筑魅力，体会先进设计理念，感悟优秀建筑文化。

在国家新型城镇化发展的大背景下，在举国上下重新关注、热议和探讨建筑价值的今天，建筑师群体面临着前所未有的历史机遇和挑战。本书既是一次精品梳理品读的总结思索，更是今后一段时间如何以高品质设计引领高质量建设的思想启迪。希望通过本书，让广大设计师和更多热爱建筑创作的人领略到精品建筑的独有风采，推动更多的创作创新创优，引导产生更多"留得下""记得住""可传世"的时代建筑佳作！

中国工程院院士
东南大学教授

前言 Foreword

　　习近平总书记指出，"建筑也是富有生命的东西，是凝固的诗、立体的画、贴地的音符，是一座城市的生动面孔，也是人们的共同记忆和身份凭据"。今天，中国已经迈入注重文化内涵和空间品质的新时代。中央提出"创新、协调、绿色、开放、共享"的五大发展理念和"适用、经济、绿色、美观"的新时期建筑方针，设计作为高质量建设的前提和基础，持续推动建筑设计立足本土、创新创优，有序引导设计提升空间体验、传承历史文脉、打造宜居家园，是建设高品质人居环境的必然选择。江苏拥有悠久的城市建设史和丰厚的文化积淀，作为中国城镇化发展较快的地区之一，江苏顺应时代需求，注重引导行业发展，致力于以一流设计引领一流建设。自2000年以来，江苏通过每年开展全省城乡建设系统优秀勘察设计评选，强化优秀设计的展示和交流，鼓励和引导设计师创新创优，繁荣设计创作，提升设计水平，创建精品工程。

　　本书为2021年江苏省城乡建设系统优秀设计作品选编，涵盖公共建筑、城镇住宅和住宅小区、村镇建筑、地下建筑与人防工程、装配式建筑类别，针对设计理念、设计难点、方案特色等内容进行解读。建筑设计的传承与创新是永恒的课题，是设计师的历史责任，本书希望通过对优秀作品的选编，引导业内外人士对新时代建筑创作的广泛关注和深入思考。希望为引导设计创作提供参考，不断繁荣建筑创作，推动设计创新创优，以优秀设计引领建设方向。希望设计并建造出更多体现地域特征、具有时代精神的新时代建筑精品，让今天的建设成为明天的文化景观。

一等奖作品

公共建筑

002 苏州太湖丁家坞精品酒店（苏州太美逸郡酒店）
启迪设计集团股份有限公司

006 枫桥工业园改造一期
启迪设计集团股份有限公司

010 苏州高新区滨河实验小学校新建工程
启迪设计集团股份有限公司
苏州九城都市建筑设计有限公司（合作）

014 丁家庄保障房二期A13地块社区中心综合楼及地下车库
南京城镇建筑设计咨询有限公司
东南大学建筑设计研究院有限公司（合作）

018 苏州市第二工人文化宫
中衡设计集团股份有限公司

022 第十届江苏省园艺博览会（扬州仪征）博览园建设项目
——北游客中心、滨水码头、滨水建筑、西南侧服务建筑
东南大学建筑设计研究院有限公司
南京工业大学建筑设计研究院（合作）

026 甘肃瓜州榆林窟管理及辅助用房建设项目
苏州九城都市建筑设计有限公司

030 QL-090708 地块（常州市文化广场）二期
江苏筑森建筑设计有限公司
德国GMP国际建筑设计有限公司（合作）

034 江苏有线三网融合枢纽中心
东南大学建筑设计研究院有限公司

038 苏州高新区"太湖云谷"数字产业园
苏州九城都市建筑设计有限公司

042 六安市体育中心设计项目
江苏省建筑设计研究院股份有限公司

046 泰州医药高新区体育文创中心建设项目
东南大学建筑设计研究院有限公司

050 江苏运河文化体育会展中心
——体育中心（含体育馆、体育场及游泳馆）
东南大学建筑设计研究院有限公司

054 南京银城马群项目综合医院
NO.2014G97地块C地块22号楼
江苏省建筑设计研究院股份有限公司

058 浦口区南京医科大学第四附属医院
（南京市浦口医院）项目
江苏省建筑设计研究院股份有限公司

062 仁恒江心洲AB 地块
南京金宸建筑设计有限公司

066 江北新区服务贸易创新发展大厦和凤滁路公交首末站项目
中通服咨询设计研究院有限公司

070 大陆汽车研发（重庆）有限公司研发中心一期
中衡设计集团股份有限公司

074 苏州科技城西渚实验小学
苏州九城都市建筑设计有限公司
中铁华铁工程设计集团有限公司（合作）

078 浙江上虞鸿雁幼儿园
苏州九城都市建筑设计有限公司

082 南京金融城二期（西区）
江苏省建筑设计研究院股份有限公司
德国GMP国际建筑设计有限公司（合作）

086 南京理工大学（江阴校区）图书馆
南京大学建筑规划设计研究院有限公司

目录 Contents

090	宜昌兴发广场商业综合体项目 南京金辰建筑设计有限公司	094	金阊体育场馆工程项目 中衡设计集团股份有限公司
098	苏州高新区景山实验初级中学校 苏州九城都市建筑设计有限公司	102	南通师范高等专科学校新校区二期工程 ——学前、美术教学组团 东南大学建筑设计研究院有限公司
106	中航科技城A座（中航科技大厦）项目 南京市建筑设计研究院有限责任公司 凯里森建筑设计（北京）有限公司上海分公司（合作）		

城镇住宅和住宅小区

110	南京江浦青奥NO.2016G49地块项目 江苏筑森建筑设计有限公司	114	万科翡翠天御（泉山区黄河南路南、矿山东路西2016-27号地块） 江苏筑森建筑设计有限公司
118	宝华桃李春风项目 南京长江都市建筑设计股份有限公司	122	银城河滨花园云台天镜 南京长江都市建筑设计股份有限公司
126	NO.2016G54地块房地产开发项目 南京长江都市建筑设计股份有限公司 汇张思建筑设计咨询有限公司（合作）	130	观天下山庄二期（一批次） 南京长江都市建筑设计股份有限公司 北京羲地建筑设计研究有限责任公司（合作）

村镇建筑

134	南京佘村安置区 东南大学建筑设计研究院有限公司

装配式建筑

138	浦口区江浦街道巩固6号地块保障房项目二期（PC建筑人才公寓）设计 南京长江都市建筑设计股份有限公司

二等奖作品

公共建筑

144 苏州工业园区钟南街义务制学校
启迪设计集团股份有限公司

146 绿景·NEO（苏地2007-G-22地块）
启迪设计集团股份有限公司

148 潘祖荫故居三期修缮整治工程
启迪设计集团股份有限公司

150 常熟市高新区三环小学及幼儿园工程
启迪设计集团股份有限公司

152 苏州高新区马舍山酒店改扩建项目
启迪设计集团股份有限公司
裸心酒店管理（上海）有限公司（合作）

154 金桥双语实验学校扩建初中部校区项目
江苏中锐华东建筑设计研究院有限公司

156 澄地2018-C-23（A、B）地块
江阴南门商业街区建设项目——A地块
江苏中锐华东建筑设计研究院有限公司
南京反几建筑设计事务所（合作）

158 仁寿成都外国语学校
江苏中锐华东建筑设计研究院有限公司
四川时代建筑设计有限公司（合作）

160 南京浦口区江浦街道S01地块城市综合体项目
南京城镇建筑设计咨询有限公司

162 苏地2015-G-1（2）号地块项目3号、3-1号楼
苏州华造建筑设计有限公司
上海天华建筑设计有限公司（合作）

164 合肥大强路睦邻中心
中衡设计集团股份有限公司

166 连云港市润潮国际
连云港市建筑设计研究院有限责任公司

168 苏州工业园区第八中学重建工程（一期）
中衡设计集团股份有限公司

170 河北省第三届（邢台）园林博览会园博园——园林艺术馆
苏州园林设计院有限公司

172 扩建数控平面激光切割机数控折弯机项目
中衡设计集团股份有限公司

174 铜仁·苏州大厦
中衡设计集团股份有限公司

176 中国—马来西亚钦州产业园区职业教育实训基地项目（一期）
中衡设计集团股份有限公司

178 苏州工业园区钟南街幼儿园
苏州九城都市建筑设计有限公司

180 上虞区城北68-2地块邻里中心项目
苏州九城都市建筑设计有限公司

182 产品测试二
东南大学建筑设计研究院有限公司

184 苏州科技城生物医学技术发展有限公司医疗器械产业园
苏州建设（集团）规划建筑设计院有限责任公司
苏州规划设计研究院股份有限公司（合作）
上海优联加建筑规划设计有限公司（合作）

186 孔雀城九期——华夏ACE 嘉善国际幼儿园
江苏筑森建筑设计有限公司
北京和立实践建筑设计咨询有限公司（合作）

188 中国江苏白马农业会展中心
南京长江都市建筑设计股份有限公司

190 南京外国语学校仙林分校燕子矶校区
东南大学建筑设计研究院有限公司

192 南京青奥体育公园室内田径馆、游泳馆
东南大学建筑设计研究院有限公司

194 江北新区2018G04地块项目（B地块）
南京长江都市建筑设计股份有限公司

196 苏地2016-WG-62号地块一期B区项目20号地块
江苏筑森建筑设计有限公司

198 辽河路南、寒山路东地块项目（科技转化楼、再生医学实验楼、干细胞库、临床研究中心）
常州市规划设计院

目录 Contents

200	雁荡山大型旅游集散中心 东南大学建筑设计研究院有限公司	202	中和小学建设项目 南京市建筑设计研究院有限责任公司
204	仙林新地中心项目（C4/C5地块） 江苏省建筑设计研究院股份有限公司	206	厦门路学校 江苏省建筑设计研究院股份有限公司
208	南京江心洲2015G06地块项目 江苏省建筑设计研究院股份有限公司	210	郎江小学项目 苏州苏大建筑规划设计有限责任公司
212	靖安县西门外历史街区保护与利用工程A地块改造 扬州市建筑设计研究院有限公司	214	中国联通江苏分公司通信综合楼 中通服咨询设计研究院有限公司 南京坎培建筑设计顾问有限公司（合作）
216	新城科技园物联网产业园（科技创新综合体B） 中通服咨询设计研究院有限公司 南京清远工程设计有限公司（合作）	218	溧阳泓口小学 江苏美城建筑规划设计院有限公司
220	蓝海路小学与侨康路幼儿园建设项目——蓝海路小学 南京大学建筑规划设计研究院有限公司	222	江心洲基督教堂项目 南京大学建筑规划设计研究院有限公司 南京张雷建筑设计事务所有限公司（合作）
224	江苏省气象灾害监测预警与应急中心 南京大学建筑规划设计研究院有限公司	226	江南大学附属医院 （无锡市第四人民医院易地建设）项目 无锡轻大建筑设计研究院有限公司 山东省建筑设计研究院有限公司（合作）
228	树屋十六栋项目 南京城镇建筑设计咨询有限公司	230	连云港市食品药品检验检测中心 连云港市建筑设计研究院有限责任公司
232	南京海峡两岸科工园海桥路配建小学 南京城镇建筑设计咨询有限公司	234	镇江市健康路全民健身中心工程（1号体育场架空层、2号3号连廊及老楼和环境改造） 江苏中森建筑设计有限公司
236	西咸新区国际文创小镇 中衡设计集团股份有限公司	238	北外附属如皋龙游湖外国语学校 如皋市规划建筑设计院有限公司 东南大学建筑学院（合作）
240	连云港市南京医科大学康达学院体育馆、看台 连云港市建筑设计研究院有限公司	242	西交利物浦大学南校区二期影视学院项目 （DK20100293地块） 江苏省建筑设计研究院股份有限公司 建斐建筑咨询（上海）有限公司（合作）
244	广西崇左市壮族博物馆 东南大学建筑设计研究院有限公司	246	南京市莫愁职校新校区项目 中衡设计集团股份有限公司 境群规划设计顾问（苏州）有限公司（合作）
248	江苏旅游职业学院一期工程 扬州市建筑设计研究院有限公司	250	燕子矶新城枣林（钟化片区）中小学项目 江苏省建筑设计研究院股份有限公司 东南大学建筑设计研究院（合作）
252	南京市溧水区开发区小学 南京市建筑设计研究院有限责任公司	254	南京理工大学（江阴校区）国际交流中心 南京大学建筑规划设计研究院有限公司

256 先锋国际广场三期酒店写字楼
江苏铭城建筑设计院有限公司

260 淮安国联医疗卫生服务中心
江苏美城建筑规划设计院有限公司

258 XDG-2006-54号地块蓝湾二期（商业1号房）
江苏博森建筑设计有限公司
上海加合建筑设计事务所（合作）

城镇住宅和住宅小区

262 苏地2016-WG-10号地块项目（东原千浔）
启迪设计集团股份有限公司
上海齐越建筑设计有限公司（合作）

266 苏州工业园区DK20130169地块项目（铜雀台）
启迪设计集团股份有限公司
上海日清建筑设计事务所（有限合伙）（合作）

270 铂悦府住宅小区一期工程
连云港市建筑设计研究院有限责任公司

274 扬州城市之光（扬州879地块工程项目）
江苏筑森建筑设计有限公司

278 璞樾和山
[劳动东路北侧青洋路西侧(DN040212)地块项目]
江苏筑森建筑设计有限公司

282 雨花中海城南公馆（NO.20117G43地块项目）
南京长江都市建筑设计股份有限公司

286 时代中央社区4号地块工程
苏州越城建筑设计有限公司
亚来(上海)建筑设计咨询有限公司（合作）

290 盐城中海万锦南园
南京市建筑设计研究院有限责任公司

294 南京地铁4号线金马路站上盖物业北地块
江苏省建筑设计研究院股份有限公司
上海日清建筑设计有限公司（合作）

298 园博村A地块
江苏中锐华东建筑设计研究院有限公司

264 苏地2017-WG-1号地块项目（银城原溪）
启迪设计集团股份有限公司
上海致逸建筑设计有限公司（合作）

268 东盛阳光新城住宅小区
连云港市建筑设计研究院有限责任公司

272 湖滨嘉园二期剩余地块（路劲·太湖院子）
江苏筑森建筑设计有限公司
上海水石建筑规划设计股份有限公司（合作）

276 NO.2016G59地块项目
南京金宸建筑设计有限公司

280 苏州昆山高新区马鞍山路北侧江浦路东侧项目
苏州中海建筑设计有限公司

284 苏地2016-WG-43号地块
苏州华造建筑设计有限公司
汇张思建筑设计咨询（上海）有限公司（合作）

288 江宁区梅龙湖西侧地块（NO.2017G21）
南京长江都市建筑设计股份有限公司

292 中鹰黑森林（盐都）
盐城市建筑设计研究院有限公司
Baumschlager Eberle建筑事务所（合作）

296 璞玥风华（苏地2016-WG-72号）
苏州科技大学设计研究院有限公司

村镇建筑

300 冯梦龙村山歌文化馆
启迪设计集团股份有限公司

302 溧阳上兴镇汤桥水乡服务中心设计
江苏美城建筑规划设计院有限公司

地下建筑与人防工程

304 南京燕子矶新城保障性住房三期工程
（C 地块人防地下室）
南京兴华建筑设计研究院股份有限公司

306 南通国际会展中心（会议中心）防空地下室
南通市规划设计院有限公司

308 无锡地铁 1 号线南延线工程人防系统设计
江苏天宇设计研究院有限公司

装配式建筑

310 三区博世汽车部件项目 S215 停车楼（一期）
中衡设计集团股份有限公司

312 六合经济开发区科创园一期（北区）
江苏龙腾工程设计股份有限公司

三等奖作品

316 公共建筑

335 村镇建筑

336 装配式建筑

330 城镇住宅和住宅小区

336 地下建筑与人防工程

附录（获奖项目索引）

340 一等奖

345 三等奖

341 二等奖

一等奖作品

江苏·优秀建筑设计作品
2021

苏州太湖丁家坞精品酒店
（苏州太美逸郡酒店）

项目类型	公共建筑
设计单位	启迪设计集团股份有限公司
建设地点	苏州太湖国家旅游度假区环太湖大道12号
用地面积	47877.70m²
建筑面积	20935.83m²
设计时间	2016.01—2017.05
竣工时间	2019.12
获奖信息	一等奖
设计团队	查金荣　蔡　爽　汪　泱　张　慧　范静华 李新胜　苏　鹏　张志刚　殷文荣　张广仁 袁　泉　陆凤庆　孙　文　李　杰　车　伟

设计简介

该项目在设计时考虑含蓄而隐逸的东方人文精神与温良娴雅的生活姿态，力图打造恬淡精致的度假体验。场地设计上试图做到清静、回归自然，利用山谷本身丰富的空间体验来塑造景观，创造建筑、人、自然和谐共生的亲密关系。建筑体验将在山景与湖景之间，沿着丰富的空间维度展开。随之修正空间朝向，回避不利景观因素，最大化发挥场地的景观优势。

在设计中采用现代建筑的简约形式，同时提取传统苏式建筑的元素符号，突出强调建筑与环境的融合和共生。对传统建筑的坡屋顶进行概括，不同功能的建筑分别采用坡屋顶、平屋顶和绿化屋面，丰富了整个度假区域的建筑形式，形成具有独特韵律的建筑群落。景观设计以苏州园林为基调，同时回应原始的田园风格，充分利用自然景观资源，利用项目用地内的植被，将建筑布置在绿色植物之间，掩映于山水之间。

总平面图

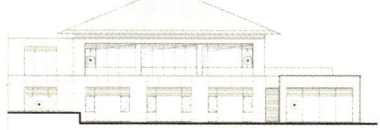

L-A 轴立面图

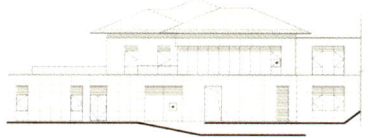

A-L 轴立面图

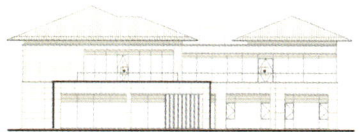

13-25 轴立面图

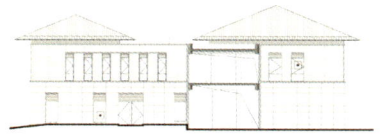

25-13 轴立面图

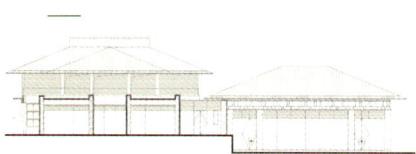

AB-1/P 轴立面图

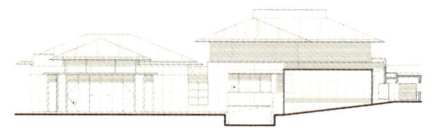

1/P-AB 轴立面图

枫桥工业园改造一期

项目类型　公共建筑
设计单位　启迪设计集团股份有限公司
建设地点　苏州高新区马涧路北、纽威阀门西
用地面积　20334.33m²
建筑面积　57407.47m²
设计时间　2017.05—2018.01
竣工时间　2020.01
获奖信息　一等奖
设计团队　查金荣　蔡　爽　贾　韬　汪　泱　李新胜
　　　　　钱成如　杨　璐　闫　莲　孙　颖　王　元
　　　　　陈　磊　陆春华　张　哲　祝合虎　郭文涛

设计简介

在尊重园区建筑整体设计风格的前提下，设计以方整的形体回应场地狭长的特性，每个体量都如雕塑一般，较小的体形系数保证节能的同时也实现了高利用率的楼内使用空间。建筑立面的最大特色是强调雕塑感的金属壁板及铝板立面，体块之间的缝隙将建筑内部的花园景观与活力展示给外界，并同时将外部景观引入建筑内部，营造有机质感，使建筑与场地产生联系。

项目打造多层次的立体绿化空间系统，不同空间互为借景，可持续的花园景观空间溶解在建筑内外的各个层面，成为建筑中可呼吸的"绿肺"。建筑提供了空中会议室、庭园休憩空间、开放交流区、开放景观平台与绿色边廊、屋顶花园、咖啡厅、餐厅等正式与非正式的交流、独处、活动场所，鼓励多种交往活动的发生，编织起丰富的三维空间互动系统。

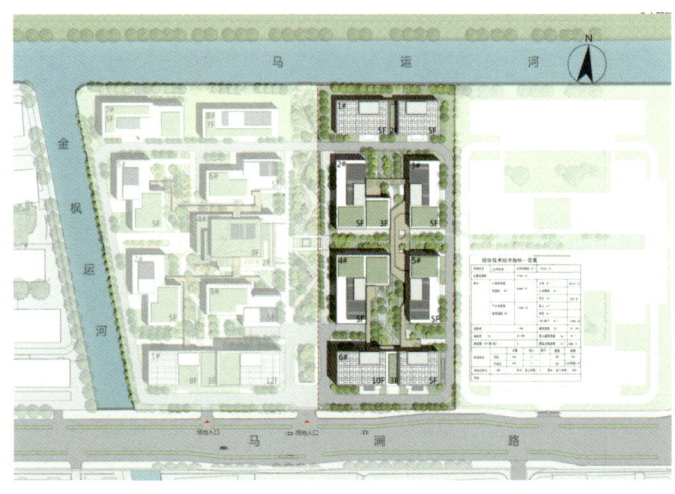

总平面图

| 6号西立面 | 6号北立面 |

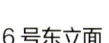

| 6号南立面 | 6号东立面 |

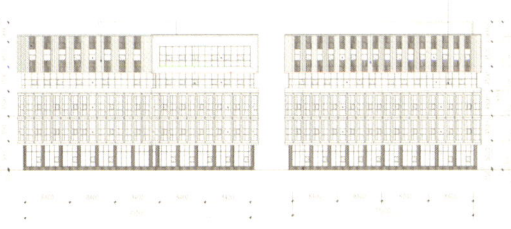

| 4号东立面 | 4号北立面 |

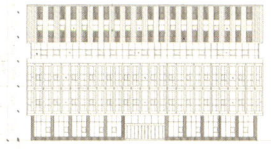

| 4号西立面 | 4号南立面 |

江苏·优秀建筑设计选编 2021 | 009

苏州高新区滨河实验小学校新建工程

项目类型	公共建筑
设计单位	启迪设计集团股份有限公司
	苏州九城都市建筑设计有限公司（合作）
建设地点	苏州高新区
用地面积	38698.10m²
建筑面积	49540.29m²
设计时间	2017.09—2019.03
竣工时间	2019.09
获奖信息	一等奖
设计团队	韩顾翔　朱　伟　戎朝晖　颜新展　张稚雁
	宋　欣　陈晶晶　叶永毅　陈宇申　骆　俊
	张道光　张　鑫　童　洁　王海港　李　阳
	祝合虎　张　鹏

设计简介

校园分为三组院落，即教学楼综合体、实验楼行政楼综合体、食堂风雨操场综合体，三组形成"田"字形排列，围合成四组可以相互联通的内院空间。在普通教室院落，两组内院在首层打通，形成一个尺度较大的院落，同时设置形态尺度丰富的连廊、平台系统，并在首层大院落内设置公共展厅，学生随时可以去参观展示作品。在普通教室和实验综合楼之间设置师生廊，在水平向流线做到了最便捷的途径。普通教室与公共教室之间有效的垂直流线也很好地解决了两者之间因为分区布置而产生的水平流线过长等问题，充分结合室外空间设置更加有趣的校园环境。

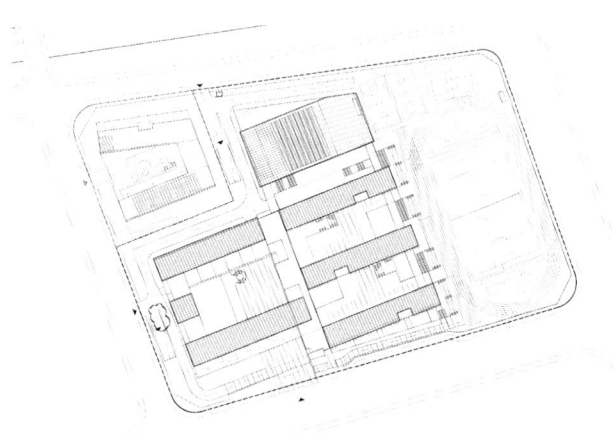

总平面图

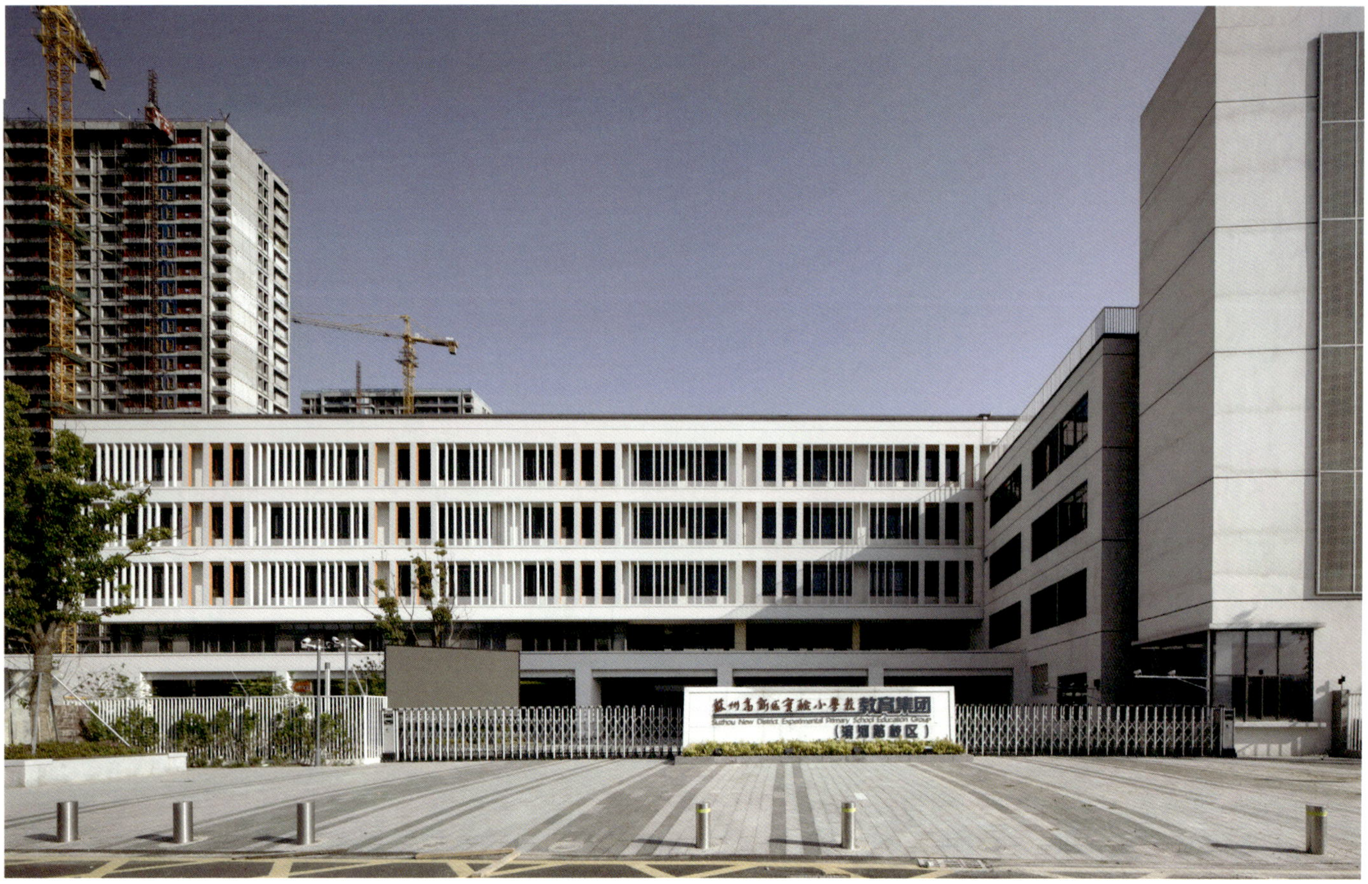
蘇州高新區實驗小學校教育集團
Suzhou New District Experimental Primary School Education Group

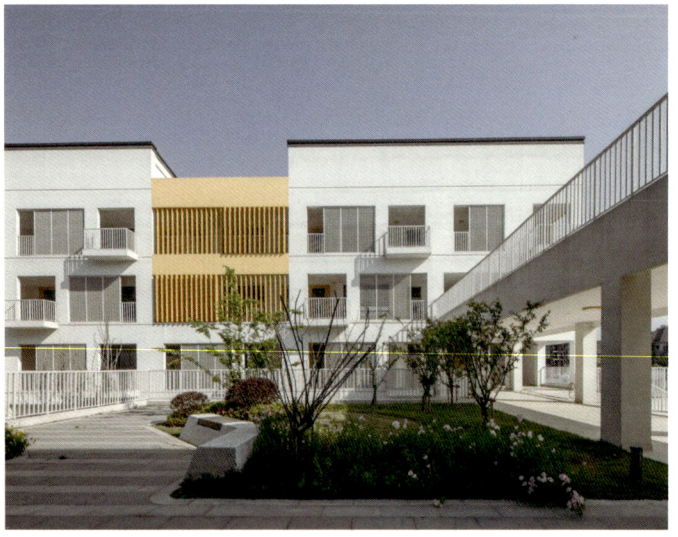

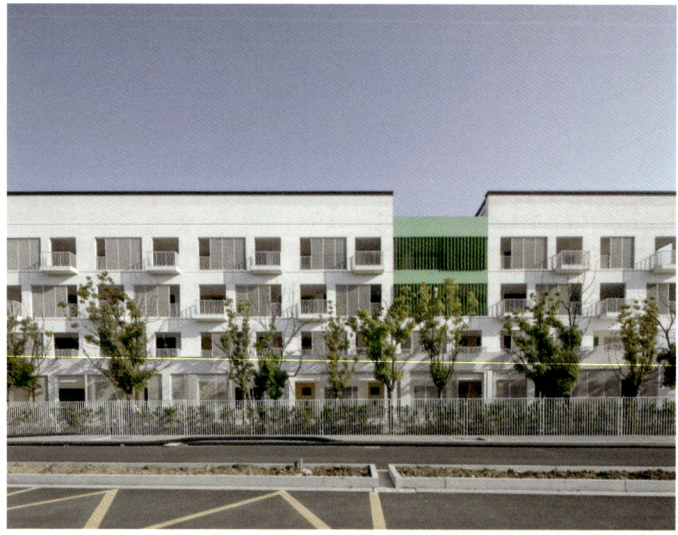

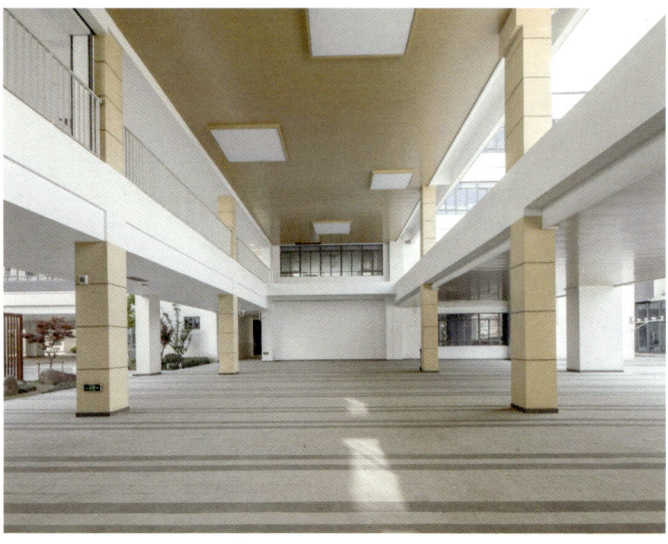

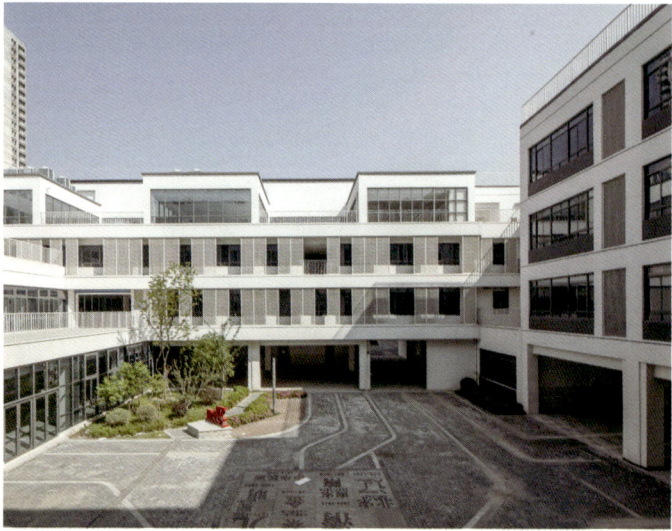

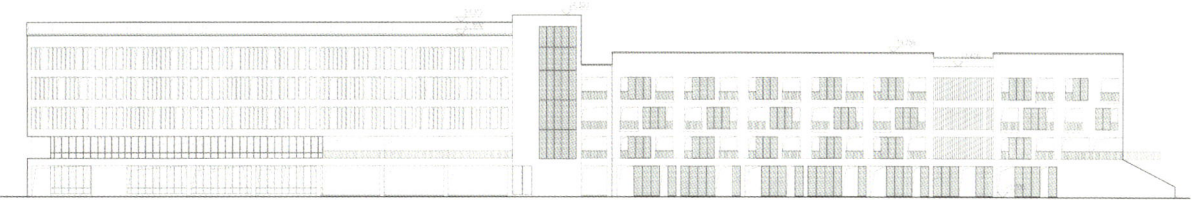

南立面图

北立面图

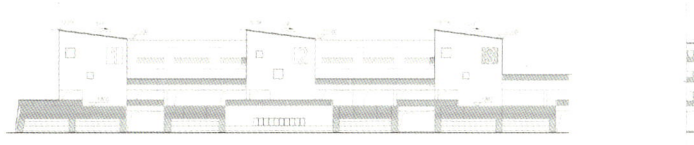

东立面图 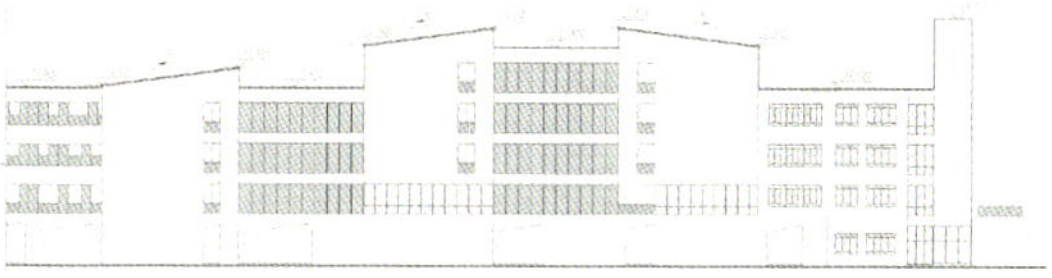　　　　　　　　　　　　西立面图

丁家庄保障房二期A13地块社区中心综合楼及地下车库

项目类型	公共建筑
设计单位	南京城镇建筑设计咨询有限公司
	东南大学建筑设计研究院有限公司（合作）
建设地点	南京市栖霞区燕新路以东、瑞福大街北侧
用地面积	14411.56m^2
建筑面积	41868.41m^2
设计时间	2015.02—2015.05
竣工时间	2018.08
获奖信息	一等奖
设计团队	孙宏斌　钱正超　马　进　杨　靖　肖鲁江
	姚　凡　张林书　于洪泳　王　健　关丹桔
	姚　军　厉方宁　王　琰　孙长建　张宗超

设计简介

设计始于对环境的整体分析，在主体建筑内采用一种水平叠加与垂直并列相结合的方法，即将不同性质的功能体块进行归类整合：超市、小贩中心、菜场、社区文体活动和社区办公以水平层叠的形式放置在北侧以靠近主要的人流来向；南半部分则结合集中绿地的景观条件，在一至四层布置社区医院，五至七层设置社区养老院。两个部分之间既相互独立以满足各功能特殊的需求，又保持联系使建筑形象完整。集中的功能布局决定了流线的组织必须清晰高效，以避免不必要的交叉冗余，为此我们重点研究连接各功能的垂直交通在平面上如何分布。

总平面图

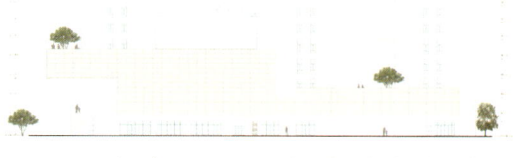

3-15 轴立面图

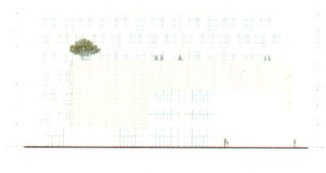

Q-A 轴立面图

A-Q 轴立面图

15-3 轴立面图

医养结合服务中心人视图

江苏·优秀建筑设计选编 2021 | 017

苏州市第二工人文化宫

项目类型	公共建筑
设计单位	中衡设计集团股份有限公司
建设地点	江苏省苏州市相城区
用地面积	46500.00m²
建筑面积	80744.42m²
设计时间	2016.11—2018.11
竣工时间	2020.04
获奖信息	一等奖
设计团队	冯正功 高霖 张谨 胡湘明 曹丽婷 王涛 章宁 谈丽华 沈晓明 姜肇锋 刘义勇 程磊 宋洋 胡洪浪 王登坤

设计简介

在本项目设计中，建筑师消解了体量，"化整为零"，放弃传统文化宫中心集合式的布局，以苏州传统民居的空间布局模式进行组织。空间组织系统的中心被有意识地留出，形成无柱中庭共享空间及连续玻璃天窗；置入"悬桥"通路等，将主要公共活动空间从结构的束缚中释放。在中庭及庭院的空间设计实践中，从直接的空间体验出发而非对形式的单纯模仿，取意园林背后的设计思想，从而对苏州园林内在本质予以再现和重释，不同高度的立体化园林隔而不断，以园林的意象来营造多维共享空间。

结构方面，建筑师创造性地应用了现代钢木结构回应地域木构传统，泳池空间不设吊顶而采用了双向交叉张弦胶合木梁结构体系。装配式结构体系的综合应用大大缩短了施工周期，取得了良好的经济效益，呈现了优美的大跨度连续折屋面。

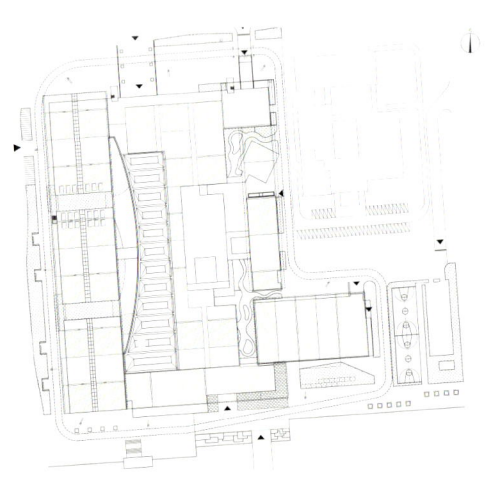

总平面图

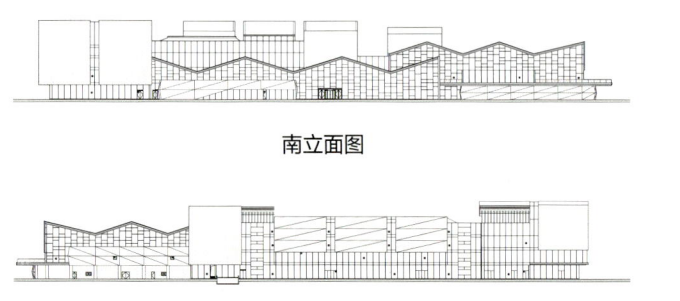

南立面图

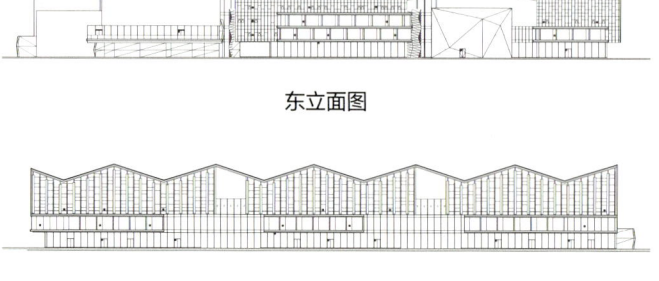

东立面图

北立面图

西立面图

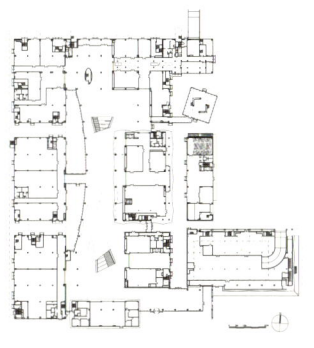

一层平面图

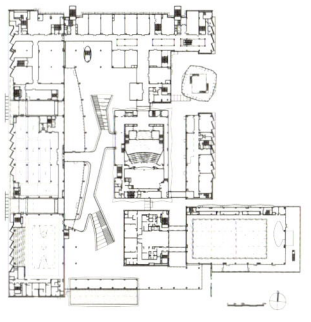

二层平面图

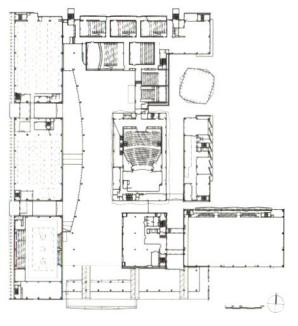

三层平面图

第十届江苏省园艺博览会（扬州仪征）博览园建设项目
—— 北游客中心、滨水码头、滨水建筑、西南侧服务建筑

项目类型　公共建筑
设计单位　东南大学建筑设计研究院有限公司
　　　　　　南京工业大学建筑设计研究院（合作）
建设地点　江苏省仪征市
用地面积　17422.00m²
建筑面积　7900.00m²
设计时间　2017.06—2017.12
竣工时间　2018.12
获奖信息　一等奖
设计团队　Adele Naude Santos　张　尧　万小梅　王建国
　　　　　　景文娟　方　颖　成　然　顾婷婷　孙　逊　朱筱俊
　　　　　　胥建华　蒋朝文　刁志纬　王　凯　李　响　孙友波
　　　　　　赵　元　龚德建　毛树峰　钱　锋

设计简介

本项目建筑设计探索博览会配套建筑设计新模式，不应该是集中少量大型展馆，而应该是散落于场地中的一系列大小不一、特点各异、主题明确的、跟景观结合更好的场域型"群建筑"；规划定义的小建筑不应该仅仅是"端茶送水"的附属角色，而应该是散落的、跟景观结合更好的主体场馆。每栋建筑中都应该包括展示功能，各有偏重但不图全，游客对于知识的了解不是通过游览一个建筑获得的，而是通过一系列建筑的引导和对场地的游走之后拼图取样获得的，或者层层加深的。由此，将附属建筑的链条式串联变为主题式、实验性、具有内在关联性的教育展览环。在基本的服务和管理功能之外，这些配套建筑融合了临时展览空间、事件空间和教育空间。

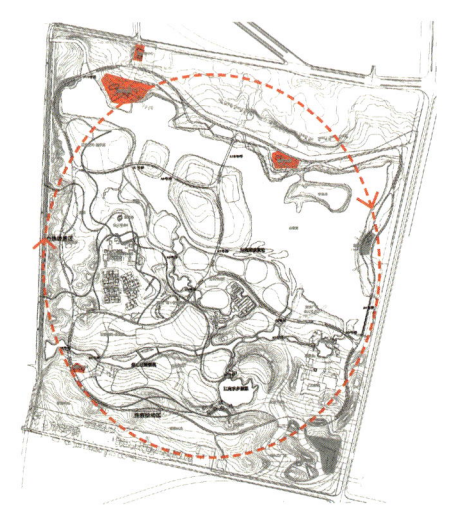

总平面图

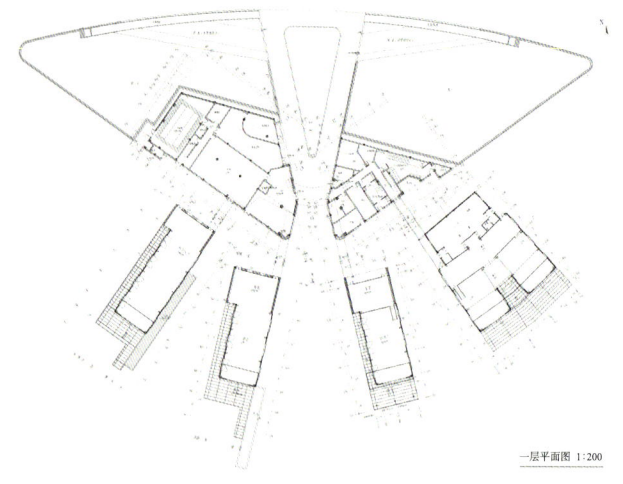

滨水码头一层平面图

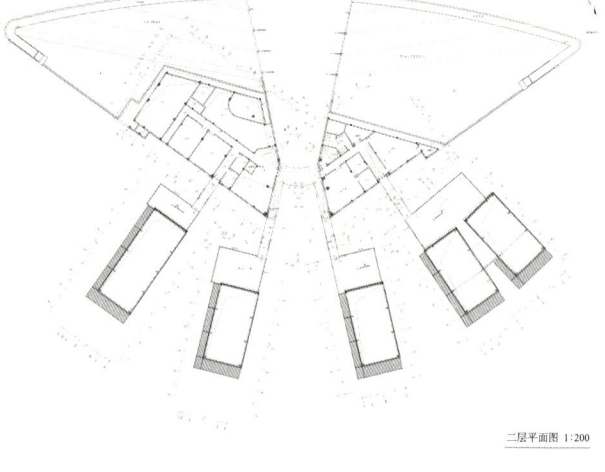

滨水码头二层平面图

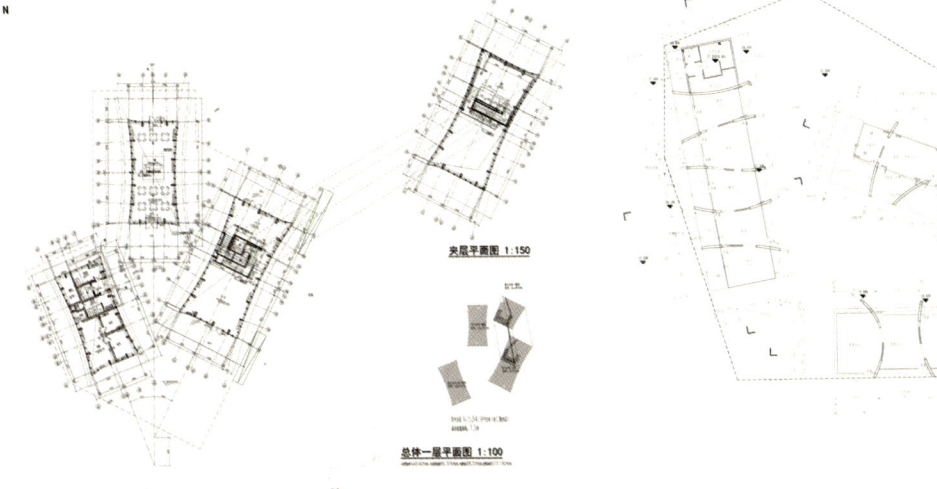

西南侧服务建筑一层平面图　　　　　　　　　　　滨水建筑一层平面图

甘肃瓜州榆林窟管理及辅助用房建设项目

项目类型	公共建筑
设计单位	苏州九城都市建筑设计有限公司
建设地点	甘肃省酒泉市瓜州县榆林窟
用地面积	1096.70m²
建筑面积	1096.70m²
设计时间	2016.02—2016.09
竣工时间	2019.08
获奖信息	一等奖
设计团队	于 雷　黄印武　刘 勇　柯纯建　高 文
	冉闪闪　邵 杰　钟建敏　缪隽琰　杨正友
	吴玉英　张政磊　仲文彬　周 昊　胡 鑫

设计简介

根据《榆林窟文物保护规划》，管理用房包含接待中心和管理中心，分别位于北侧坡上和现三层楼北侧防洪堤上，辅助用房位于窟区南侧坡下。管理中心建筑整体被设想为一座桥，联系冲沟两侧。"桥"的内部容纳了管理功能，通过建筑侧面采光、通风，保证舒适宜人的办公环境。同时建筑的屋顶作为这座"桥"的另一层桥面，有助于细分参观的流线。从外部观察，建筑仅仅表现出有限的建筑构件，除屋顶出口外都以覆土的方式隐蔽。辅助用房的设计也顺应地形高差，化整为零，依山就势布置建筑，半掩于山体之中，弱化了新增建筑的感受。

总平面图

江苏·优秀建筑设计选编 2021 | 029

QL-090708地块
（常州市文化广场）二期

项目类型	公共建筑
设计单位	江苏筑森建筑设计有限公司
	德国GMP国际建筑设计有限公司（合作）
建设地点	常州市新北区
用地面积	176900.00m²
建筑面积	500000.00m²
设计时间	2016.01—2016.04
竣工时间	2020.01
获奖信息	一等奖
设计团队	Magdalene Weiss　　单国伟　张　伟
	范小棣　孔晡虹　袁　懋　符光宇　陈　岩
	顾志清　潘暑贤　丁筱竹　建慧城　宋　颖
	王建军　管　宏　陆　军　陈　勋　钱余勇
	万旭东　盛岳泽

设计简介

常州市文化广场——一个崭新的、具有标志性的，集图书馆、美术馆、艺文中心、星级酒店、5A办公、泊岸商业于一体的多元化城市公共空间，向北与市行政中心、奥体中心、博物馆、规划馆、大剧院，向南与市政务服务中心共同构筑成常州文化核心区域，打造新的城市轴线，连接新北区的所有文化亮点，构建集聚文化气息的城市客厅。建筑桥拱般的造型，结合下沉庭院水乡般的曲水流觞，为人们创造崭新的空间体验，营造出一个极具雕塑感的综合体，并呈现出一种欢迎的姿态，打造出在同一个屋檐下的城市公共活动载体。同时，这一有机的形态组合营造了良好的室外气候条件，桥孔穹顶下的室外区域上有屋檐下有景观，自然形成绝佳的市民活动广场。

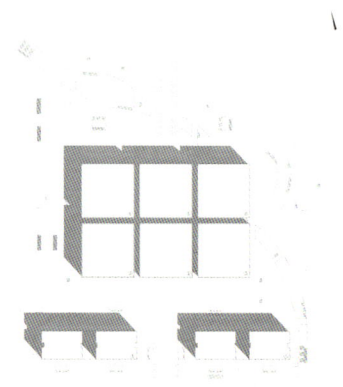

总平面图

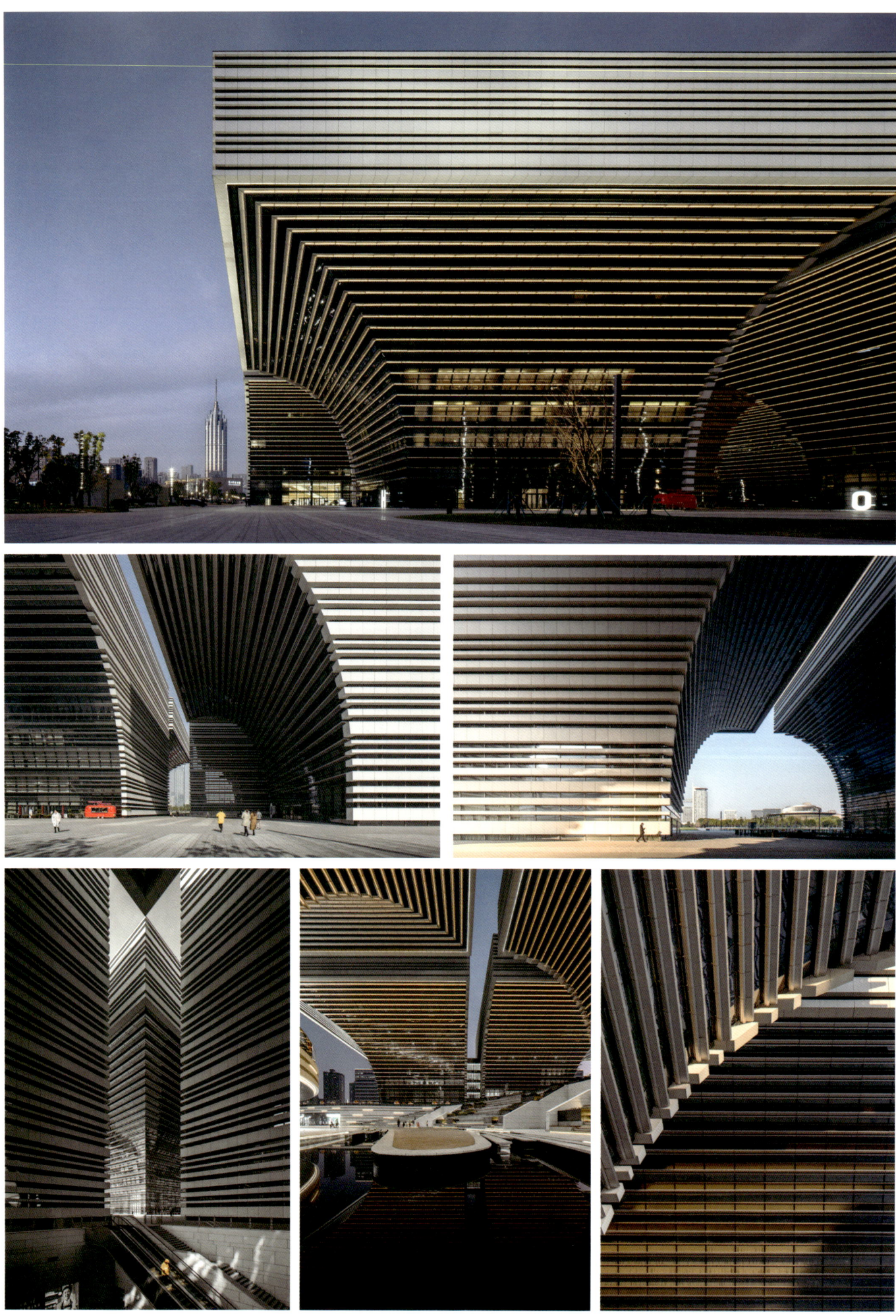

立面图 1　　立面图 2　　立面图 3

剖面图 1　　剖面图 2　　剖面图 3

江苏有线三网融合枢纽中心

项目类型　公共建筑
设计单位　东南大学建筑设计研究院有限公司
建设地点　江苏省南京市江宁区麒麟科技创新园
用地面积　117777.20m²
建筑面积　250198.00m²
设计时间　2012.02—2013.05
竣工时间　2019.05
获奖信息　一等奖
设计团队　曹　伟　王志明　张　澜　姜　辉　孔　晖
　　　　　　裴　峻　刘　媛　蒋　澍　王　鹏　张咏秋
　　　　　　罗汉新　孙　宁　袁　俊　徐　疾　刁志纬

设计简介

总平面采用"一核两轴"的规划结构。一核为中心景观核，为围绕在周边的各建筑提供共享的景观资源；两轴为礼仪主入口到水体景观的主要礼仪轴和连接东、西入口的开放空间轴。建筑组团包括以公司总部和中央景观为中心，围绕在周边的四个功能组团，形成"众星拱月"的布局特点。

通过"低碳技术体系"建造高效节能的建筑，提高环境质量，改善建筑微环境，营造人与自然和谐共处的绿色低碳园区。以科技为基础，通过智慧管理、人性化服务及能源管理的理念，将江苏有线三网融合枢纽中心打造成一个智能化的园区。

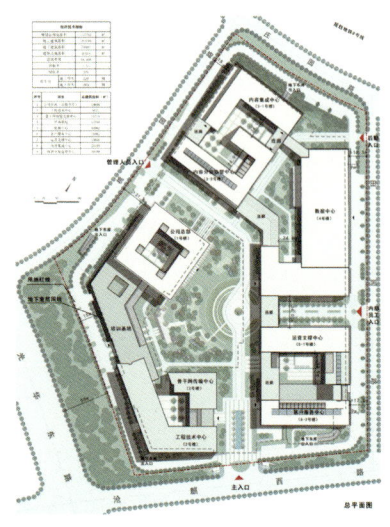

总平面图

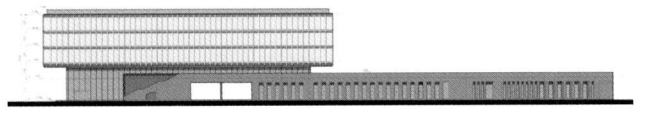
公司总部西立面图

内容集成中心、内容分发监管中心东立面图

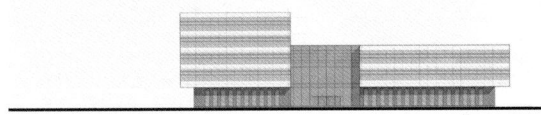
骨干网传输交换中心东立面图

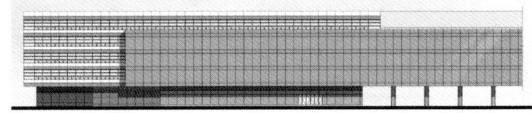
内容集成中心、内容分发监管中心南立面图

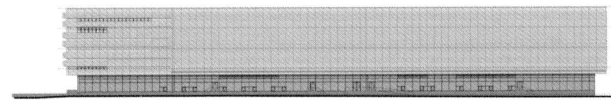
数据中心东立面图

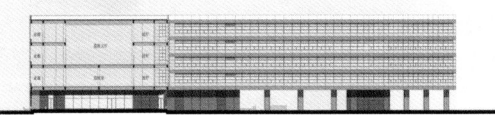
数据中心东侧剖立面图

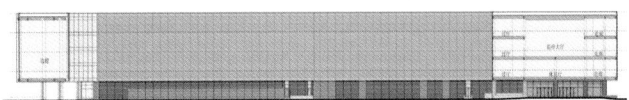
数据中心西侧剖立面图

数据中心西立面图

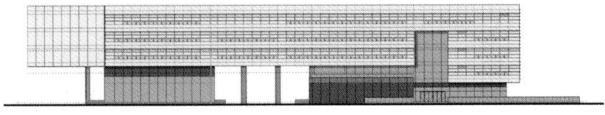
运营支撑中心、客户服务中心西立面图

运营支撑中心、客户服务中心东侧剖立面图

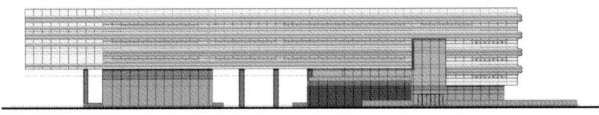
运营支撑中心、客户服务中心西立面图（遮阳外侧）

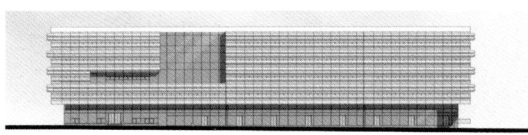
运营支撑中心、客户服务中心东侧立面图

苏州高新区"太湖云谷"数字产业园

项目类型	公共建筑
设计单位	苏州九城都市建筑设计有限公司
建设地点	苏州新区昆仑山路南、嘉陵江路东
用地面积	121068.00m²
建筑面积	488157.00m²
设计时间	2017.08—2018.03
竣工时间	2020.06
获奖信息	一等奖
设计团队	张应鹏　王　凡　董霄霜　沈春华　王苏嘉　谢　磊　张晓斌　蒋　皓　钟建敏　张贵德　沈勋清　杨一超　赵　苗　梁瑜萌　李琦波

设计简介

"太湖云谷"数字产业园的空间特点，首先是围合式的总图布置：一期共10栋建筑——5栋高层与5栋多层（或底层），高层分列于地块的南侧与北侧，多层建筑布置在两组高层之间；其次是内外两种空间尺度，根据地块以外围的高层建筑与城市尺度相呼应，内部则更加强调公共性与开放性。设计通过二层屋顶花园将所有的建筑连在了一起。首层加高的层高与灵活的平面组合以及弥漫型的多级公共空间，预留了公共空间的各种可能。

其实，在"太湖云谷"大数据产业园设计中，使用特点与空间特点的对应关系并不是具体功能与具体空间的对应关系，而只是一种思考逻辑上的对应关系。当功能无法确定时，空间就可以灵活面对，只有以不确定性面对不确定性，才能在有限空间中预设无限的可能！

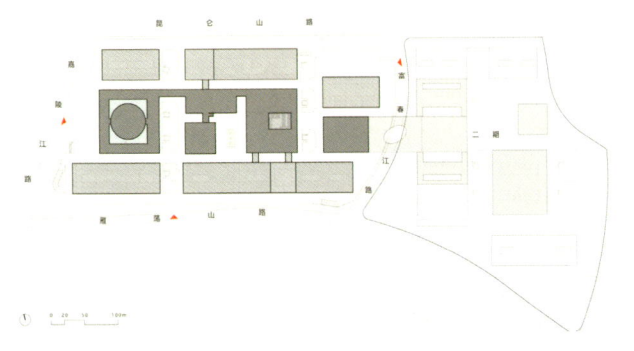

总平面图

040

北立面图

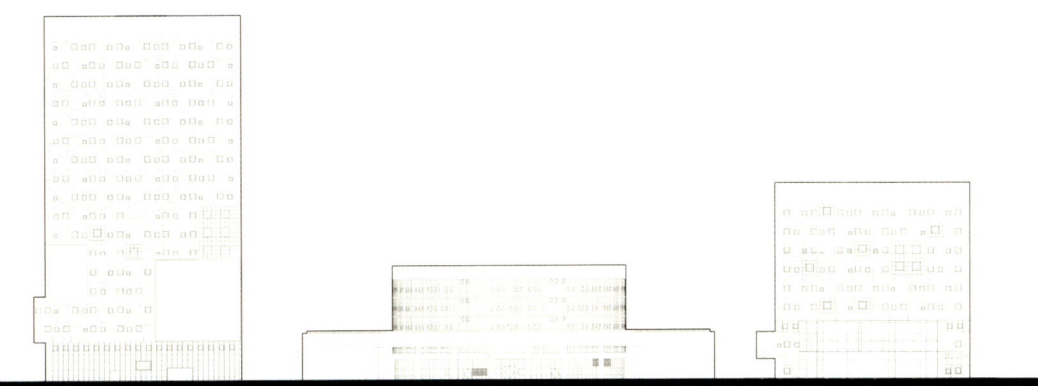

西立面图

江苏·优秀建筑设计选编 2021 | 041

六安市体育中心设计项目

项目类型	公共建筑
设计单位	江苏省建筑设计研究院股份有限公司
建设地点	安徽省六安市
用地面积	229900.00m²
建筑面积	77901.00m²
设计时间	2017.04—2018.05
竣工时间	2020.06
获奖信息	一等奖
设计团队	李伟 叶冰 赵伟 侯志翔 张成 王驰 米金星 王兵 胡尚文 段婷 陈洁 李山 李君 赵志伟 费凡

设计简介

本体育中心定位为中型乙级体育建筑，可满足举办地区性综合比赛和全国单项比赛的要求。体育场看台座位数30200座，体育馆座位数6000座。本体育中心是融比赛、展览、演出、健身、休闲为一体的综合体。设计以六安的"山-水-茶"为契合点，结合体育建筑的特性，将体育场和体育馆两个主要的建筑单体整合为一个整体，通过建筑形体的起伏变化给人以重峦叠嶂的感觉，以建筑连续不断的流畅线条隐喻六安水的灵动飘逸，在空间上给人既稳重大气，又不失灵动活泼的感觉。本项目与淠河景观带互为景观，交相辉映的场景大大提升六安的城市形象。

总平面图

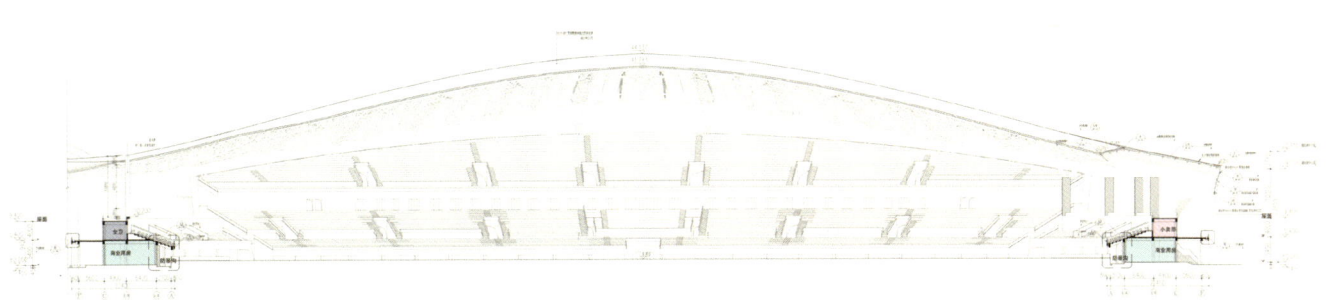

南北剖立面图

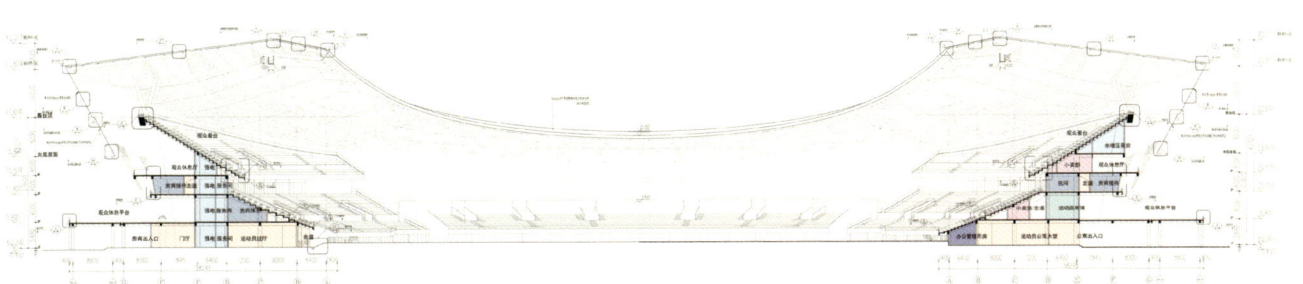

东西剖立面图

泰州医药高新区体育文创中心建设项目

项目类型	公共建筑
设计单位	东南大学建筑设计研究院有限公司
建设地点	泰州市医药高新区泰州大道西、学院路南
用地面积	70250.90m^2
建筑面积	80775.52m^2
设计时间	2014.01—2014.04
竣工时间	2020.01
获奖信息	一等奖
设计团队	夏 兵 袁 玮 杨 波 韩重庆 吕洁梅 周陈凯 汪 建 周桂祥 陈 瑜 陈 俊 刘洁莹 殷 玥 孙 逊 刘 俊 臧 胜

设计简介

项目大胆突破体育建筑设计将主体建筑与室外运动场地二维并置的传统处理方式，提出将体育建筑"消极空间"与日常健身场地有机整合，打造环形健身步道；并通过立体动线组织，利用疏散平台和屋顶空间，布置室外网球场、五人制足球场，在立体维度上实现了内外空间、行为的串联，营造了朝气蓬勃、积极向上的全民健身氛围。

项目采用大尺度悬挑的"灰空间"、屋面高耸的天窗、鱼鳞般闪耀的立面遮阳，这些"绿色技术"被主动且自然地融入了建筑设计的形体逻辑当中，共同形成了独特的视觉特征和空间氛围。作为区一级的"文体综合体"，项目在综合运动大厅中仅保留了少量的固定座位，利用大跨结构和活动座椅创造灵活可变的通用性大空间。9m×9m的标准结构单元，也为未来建筑功能的变化预留了可能。

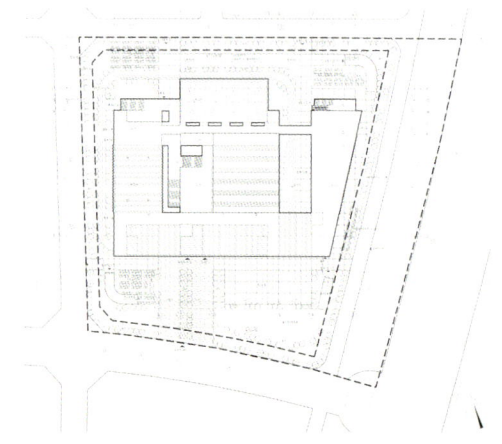

总平面图

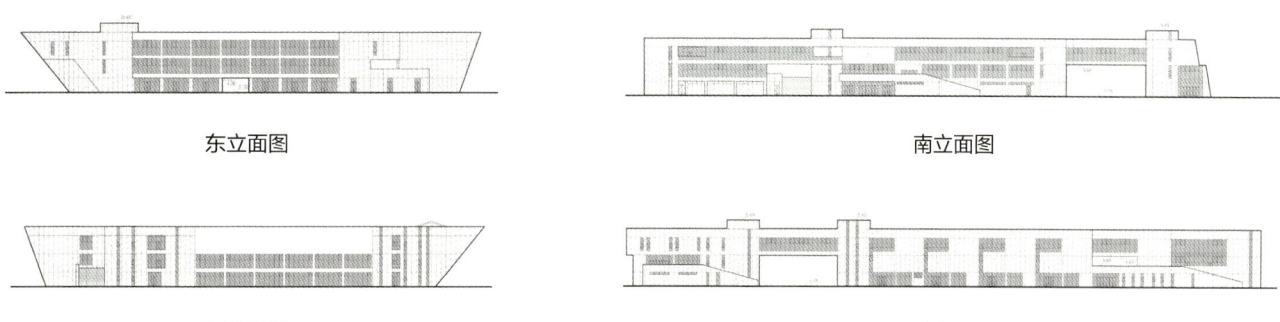

东立面图　　　　　　　　　　　　　　　南立面图

西立面图　　　　　　　　　　　　　　　北立面图

南广场透视1

江苏运河文化体育会展中心
——体育中心（含体育馆、体育场及游泳馆）

项目类型	公共建筑
设计单位	东南大学建筑设计研究院有限公司
建设地点	宿迁湖滨新城、发展大道东侧的C8地块内
用地面积	258250.00m²
建筑面积	110763.00m²
设计时间	2011.09—2012.11
竣工时间	2019.08
获奖信息	一等奖
设计团队	袁 玮　万小梅　罗 海　王志刚　方 伟
	石峻垚　薛丰丰　李宝童　韩重庆　张 翀
	唐伟伟　贺海涛　许 轶　周瑞芳　张成宇

设计简介

项目包括体育场、体育馆、游泳馆、会展中心和城市规划展示馆等。体育场高四层，东西方向长约255m，南北方向长约266m，建筑罩棚高度（罩棚最高点）37.30m，东西两侧分为两层看台，可容纳总人数约30000人。体育场建筑造型取自莫比乌斯带，寓意体育精神永无止境、生生不息，内聚的空间非常符合体育建筑场所精神——大众聚集起来分享一种普遍的体育竞技带来的快乐、崇高感和激动。

体育场的罩棚主体采用空间网格钢结构支撑的金属铝板与聚碳酸酯板材复合屋面系统，材料的选择和划分与游泳馆、体育馆寻求统一，金属铝板中间穿插穿孔铝板，丰富立面效果，同时在穿孔铝板与阳光板之间后敷LED灯管，营造绚烂的夜景效果。

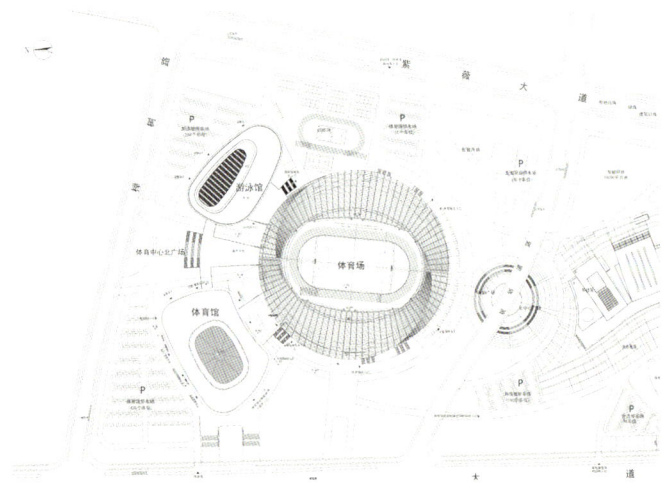

总平面图

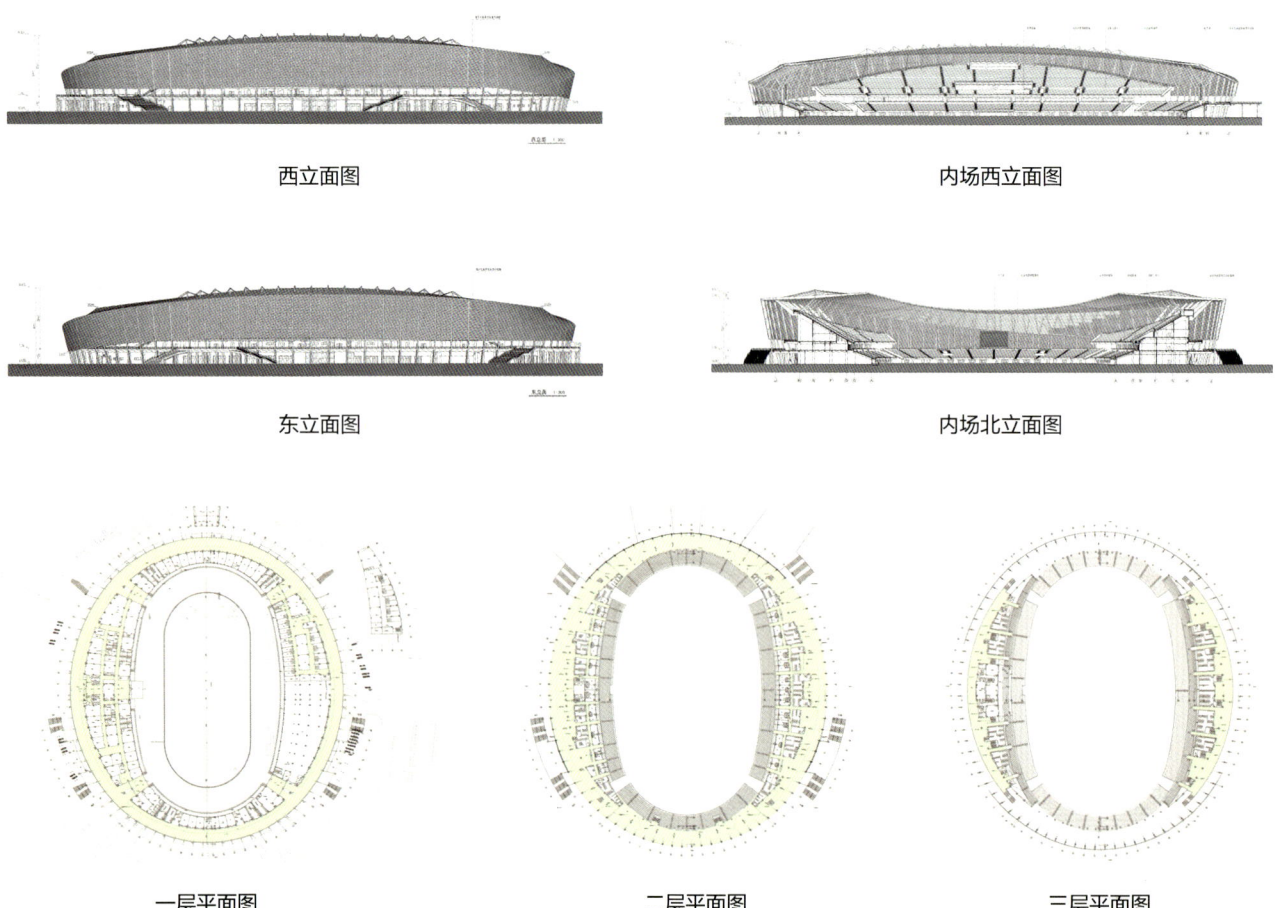

西立面图

内场西立面图

东立面图

内场北立面图

一层平面图

二层平面图

三层平面图

南京银城马群项目综合医院 NO.2014G97地块C地块22号楼

项目类型	公共建筑
设计单位	江苏省建筑设计研究院股份有限公司
建设地点	南京市栖霞区马群大道3号
用地面积	30917.80m²
建筑面积	51726.44m²
设计时间	2015.11—2017.01
竣工时间	2020.05
获奖信息	一等奖
设计团队	周红雷　蔡　蕾　朱　建　江文婷　宋达旺 颜　军　费　跃　周　辉　胡　健　尤方宸 金旺红　刘　燕　杨　峰　刘文青　李　智

设计简介

项目场地不规则，所产生的不规则形态存在尖锐的冲突，犹如病态的身体呈现出矛盾与不调和。康复的医理在于因人而异调理其失衡之处，以求达到个体的相对健康状态。项目由此提出"理方还圆"的理念——在不规则场地内，糅合各方条件，调和冲突化为顺畅，完成一个契合场地与功能的相对完整的环。故设计以"环"为主体，采用环形布局将门诊与病房楼围合而成一个内聚空间，用环状交通组织各个功能模块，打造内外渗透的绿化庭院以之作为景观中心与交往节点，创造出一个可以游走的、灵动愉悦的，充满绿色、阳光和洁净空气的特色康复空间，这寓意着一个完整圆满的整体——功能之环、流线之环、绿色之环、康复之环。

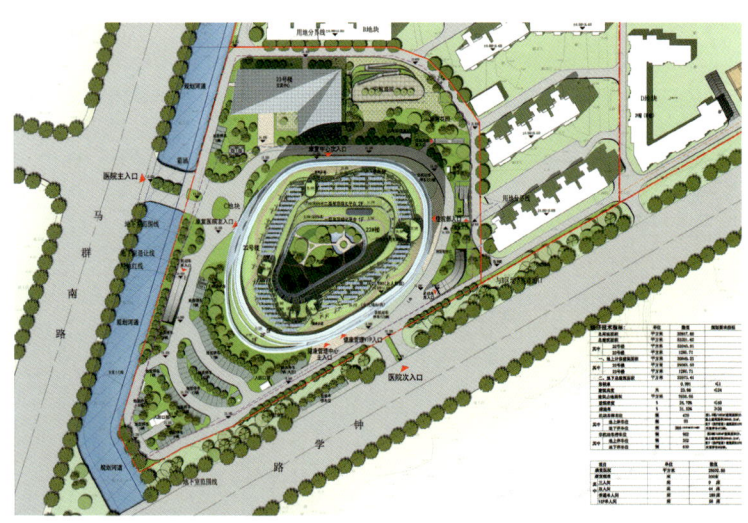

总平面图

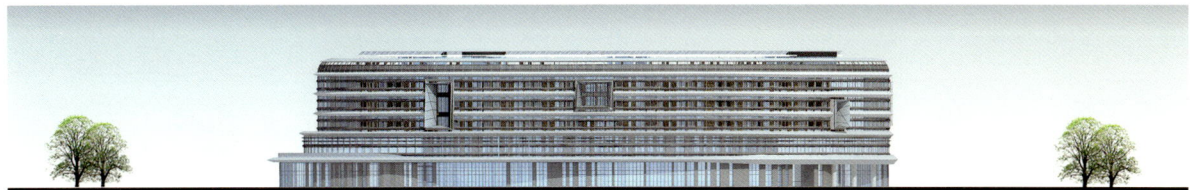

东立面图

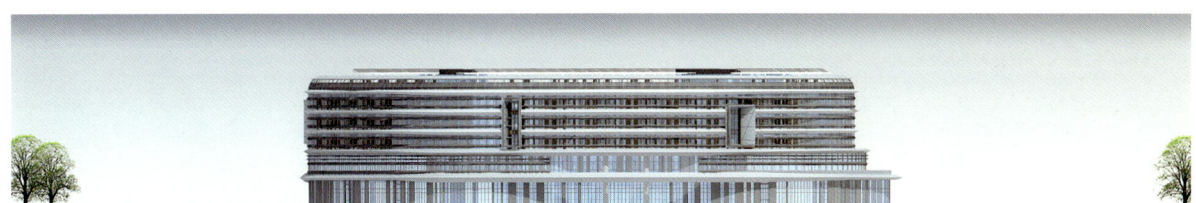

西立面图

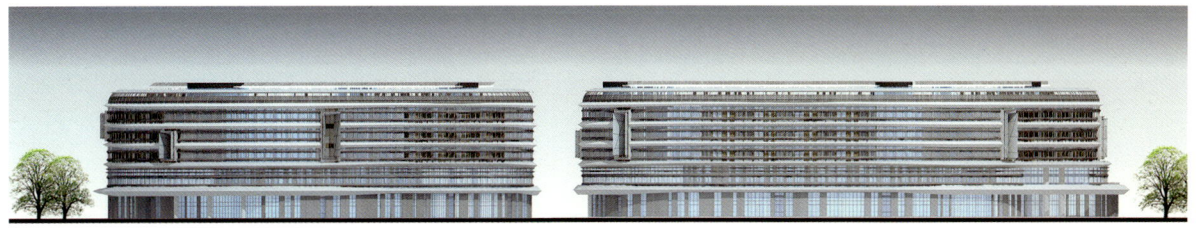

南立面图　　　　　　　　　　　　北立面图

浦口区南京医科大学第四附属医院（南京市浦口医院）项目

项目类型	公共建筑
设计单位	江苏省建筑设计研究院股份有限公司
建设地点	南京市浦口区沿江街道南浦路298号
用地面积	86463.85m²
建筑面积	186379.25m²
设计时间	2015.04—2016.10
竣工时间	2020.04
获奖信息	一等奖
设计团队	李伟　朱鸣宇　赵伟　张宇　齐叶 胡洪波　金如元　史小伟　胡尚文　陈礼贵 郭飞　朱莉　武剑　刘金　王雪松

设计简介

总体规划医疗综合楼靠近西北部，面向主要人流方向。主入口位于西侧南浦路，主要人流为门急诊人流；次入口位于北侧柳州东路，主要人流为住院人流。地块南侧设两个辅助出口，分别为行政科研出口以及污物出口。医疗综合楼按照"门急诊——医技——主要的核心关系"布置，宽敞的医疗街贯穿各部分，并向南延伸连接行政科研楼，将医教研功能连为一体。感染楼为独立小楼，功能为感染门诊，独立成区的布局为平疫结合转换创造了有利条件。用地东侧为中心花园，规划预留了远期病房扩建用地。

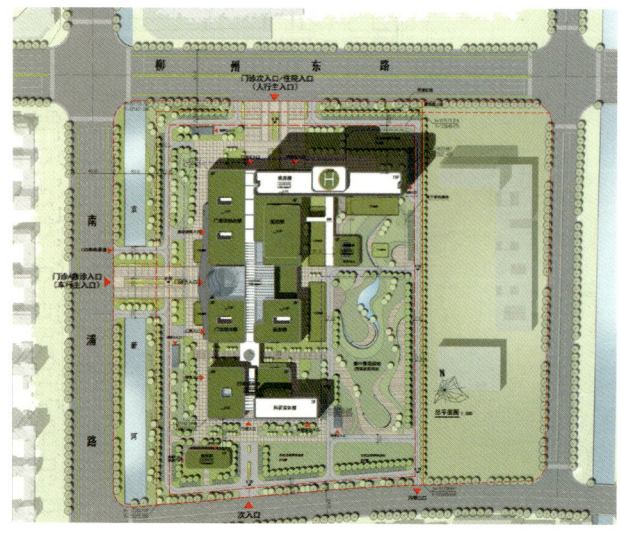

总平面图

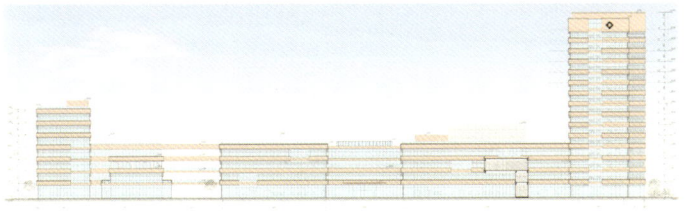

院区东立面图

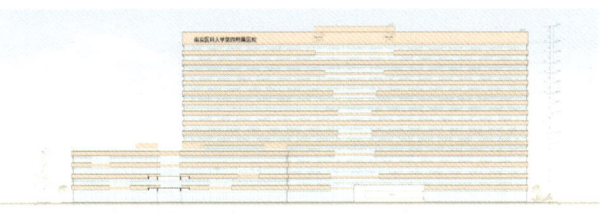

医疗综合楼南立面图

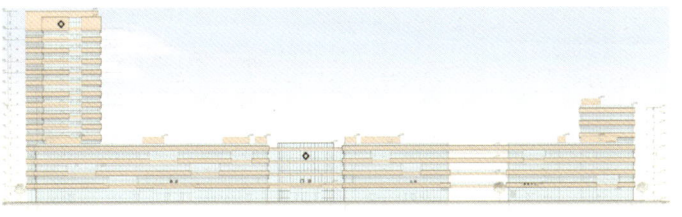

院区西立面图

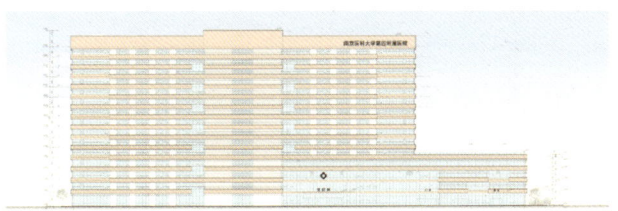

医疗综合楼北立面图

仁恒江心洲AB地块

项目类型	公共建筑
设计单位	南京金宸建筑设计有限公司
建设地点	江苏省南京市建邺区
用地面积	117947.07m²
建筑面积	192563.25m²
设计时间	2016.11—2017.05
竣工时间	2020.04
获奖信息	一等奖
设计团队	李 青　陈跃伍　赵 婧　朱晓文　李扣栋 刘亚军　吕恒柱　蒋叶平　习正飞　吴俞昕 包 锐　裔 博　张智琛　李 建　蔡 慎

设计简介

该项目是一个区域中心级的大型购物、休闲、娱乐、商住办城市综合体。项目采用南北分区的规划布局，实现各功能设施的均好性布置，引入小型商业购物中心，同时结合中心景观，将地块打造为积极开放、富有活力的社区。三栋高层建筑与城市道路成角度布局，呈现出高低错落富有韵律变化的天际线。城市主要街道及主要建筑入口位置均退让大型城市广场，地块中心涉及大型立体生态庭院，并结合景观艺术雕塑和水景等进行重点设计和精巧布局，为市民带来视觉享受，为城市贡献更多的开放空间。为了更好地引入地铁人流，在A地块北侧地铁人流主要方向，商业体量形成大型架空设计，组织了一条直通内部中心庭院的视觉通廊，空间更加灵动通透。

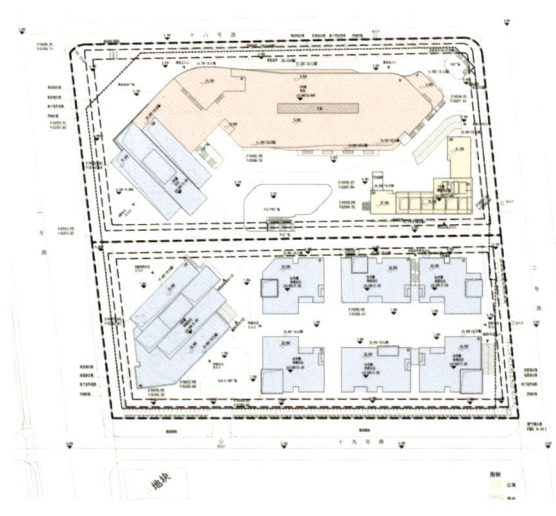

总平面图

江北新区服务贸易创新发展大厦和凤滁路公交首末站项目

项目类型　公共建筑
设计单位　中通服咨询设计研究院有限公司
建设地点　南京市浦口区临滁路以西，凤滁路以南01号地块
用地面积　30083.54m²
建筑面积　83233.53m²
设计时间　2016.09—2019.11
竣工时间　2020.04
获奖信息　一等奖
设计团队　吴大江　孔　燕　朱　强　周海涛　马忠秋
　　　　　　郭　宏　戴新强　罗　磊　孙　阳　林　凌
　　　　　　周毅超　葛一波　张　娴　初　晨　夏　强

设计简介

项目位于江北新区核心区，是江北新区自贸区对外交流和公共服务的平台及窗口，秉持功能复合集约、空间融入共生、绿色生态、智慧高效的原则，建筑典雅朴实、富有科技感，反映自贸区蓬勃发展和自由开放的态度。项目作为江北新区首批绿色三星级公共建筑，将绿色发展理念贯彻始终，推进绿色建筑高质量发展。规划建设过程充分响应相关政策、标准的要求，合理考虑绿色低碳技术，结合南京市气候特征，融入几大建筑性能要求——绿色建筑、健康建筑、智慧建筑、低能耗建筑、BIM技术示范建筑、低影响开发示范建筑，开展实施"绿色建筑+""健康建筑+"工程，促进建筑科技融合，实现建筑提质增效，综合提升建筑的性能与品质。

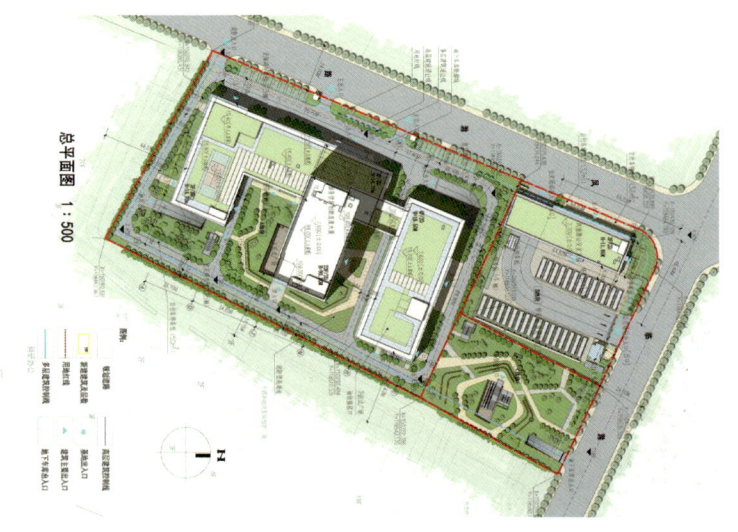

总平面图

U-A 轴立面图

1-15 轴立面图

15-1 轴立面图

A-U 轴立面图

A-J 轴立面图

J-A 轴立面图

大陆汽车研发（重庆）有限公司研发中心一期

项目类型	公共建筑
设计单位	中衡设计集团股份有限公司
建设地点	重庆市渝北区礼环北路南嘉材路西
用地面积	20222.95m²
建筑面积	27993.41m²
设计时间	2017.07—2017.11
竣工时间	2018.09
获奖信息	一等奖
设计团队	平家华　曹　锋　王迅飞　叶晓阳　俞　臻 路江龙　沈晓明　薛学斌　丁　炯　费希钰 李　刚　廖　旭　王文学　冯　卫　韩愚拙

设计简介

研发中心以开放式办公和实验室、测试间独立办公室等配套办公功能为主。建筑的造型为简洁的体块组合，通过体块的错动、咬合等方式创造了丰富的空间，在朴素的外表下创造了差异化的内外空间体验。由主体块向外伸出的两个"盒子"是本项目最引人注目的地方。场地东侧为渝北区龙咀公园，已由曾经的水库恢复为城市生态公园，山水环境宜人，是研发中心重要的景观资源。因而设计以东侧为主景观面，将伸出的体块错层处理，在露出的屋面上设置屋顶花园，为办公室引入了生态景观。庭院中的绿化系统能够形成宜人小气候，有助于提高办公室的环境质量。其次，在两办公体块间置入透明的共享空间，并与交通空间相结合放大为生态中庭。中庭内楼梯结合局部通高错落布置，楼梯两侧设计为实体栏板，将大陆集团品牌色——明黄色引入室内空间。

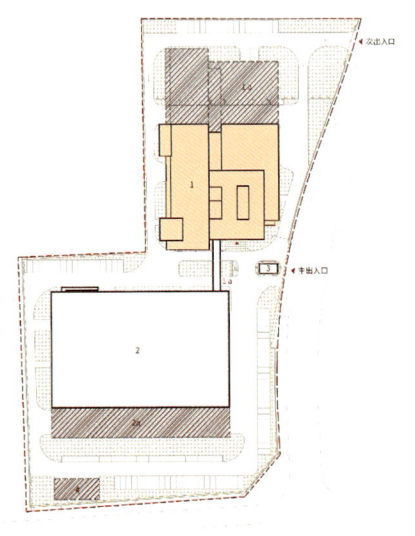

总平面图

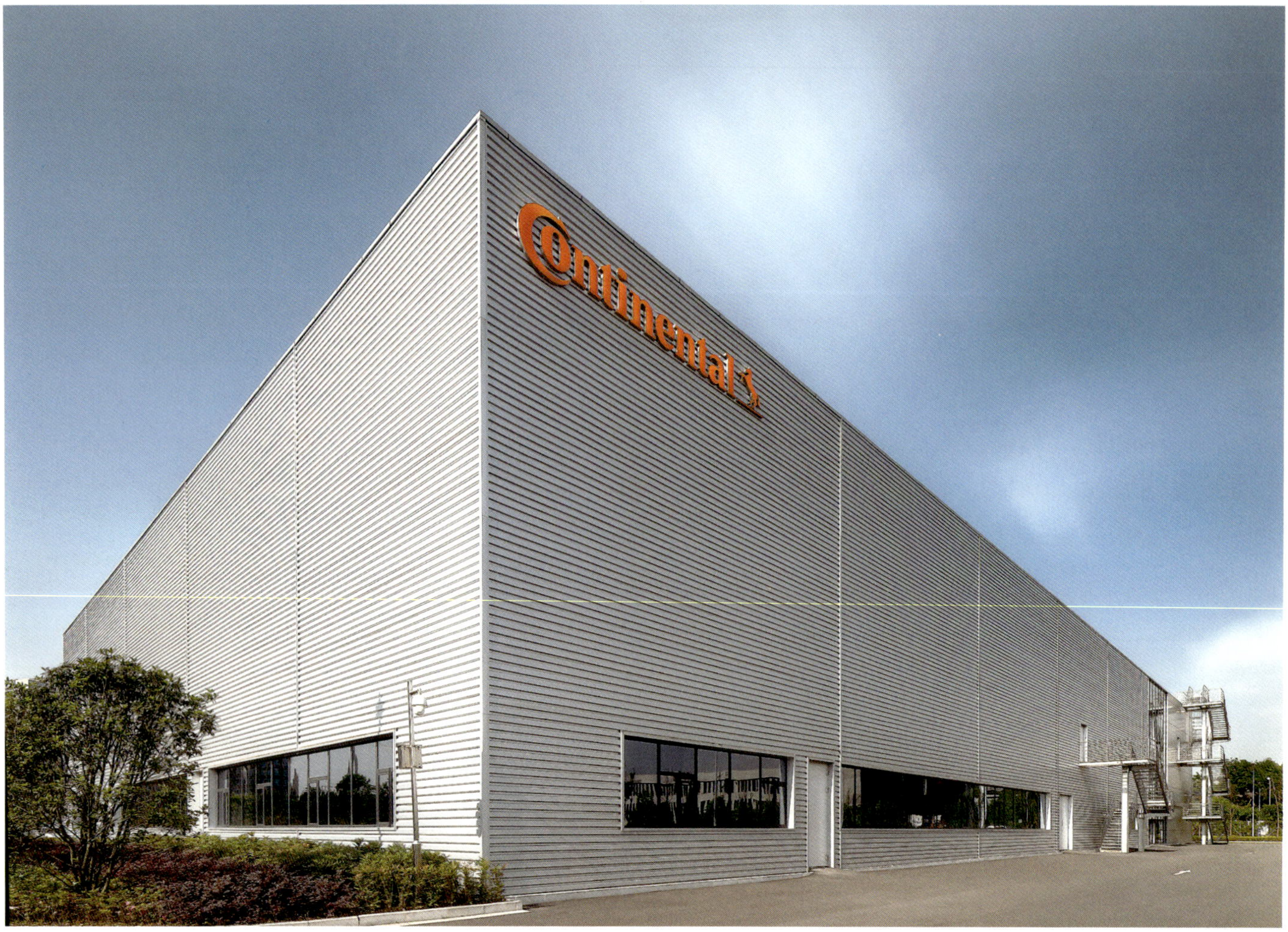
Continental

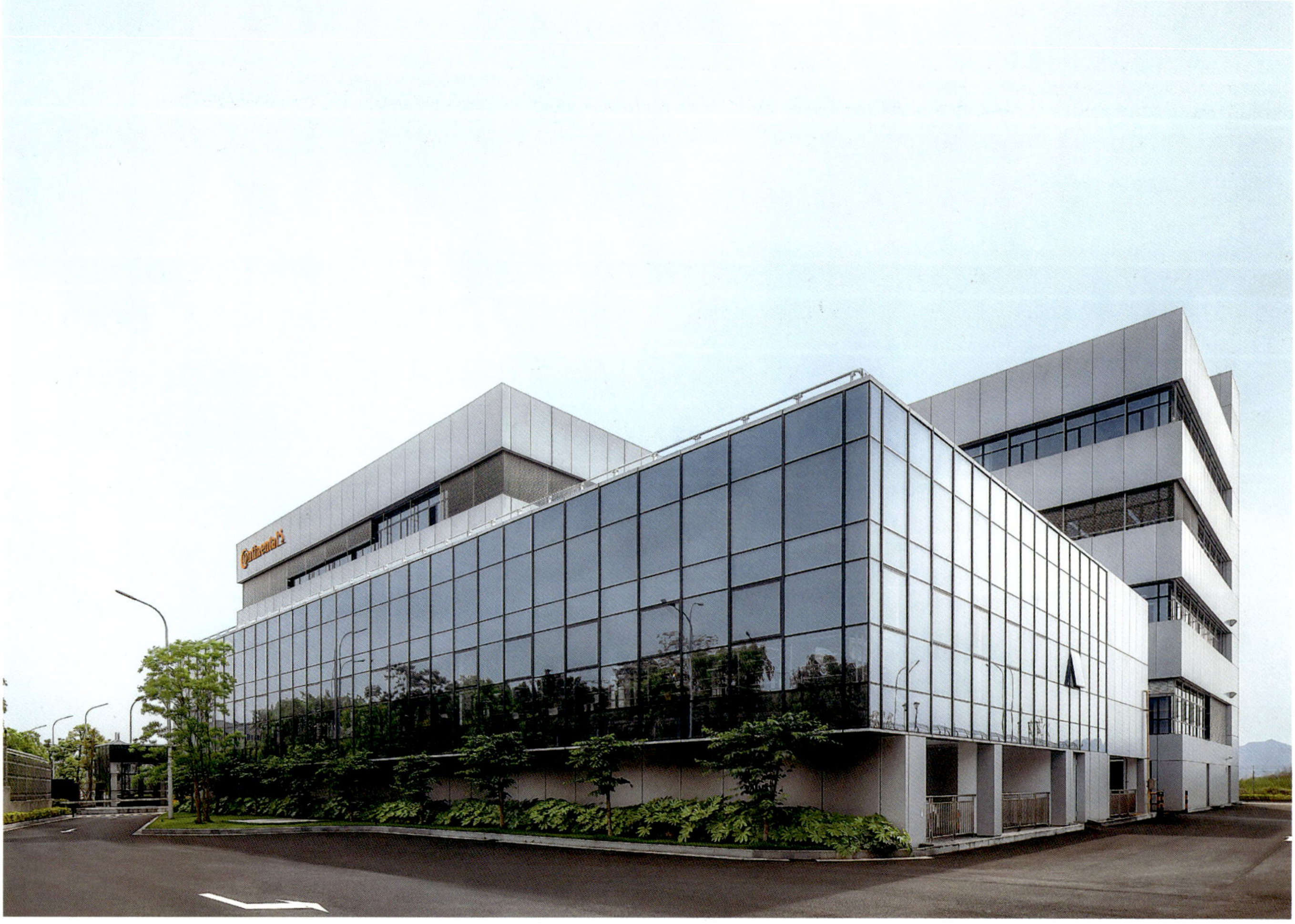
Continental

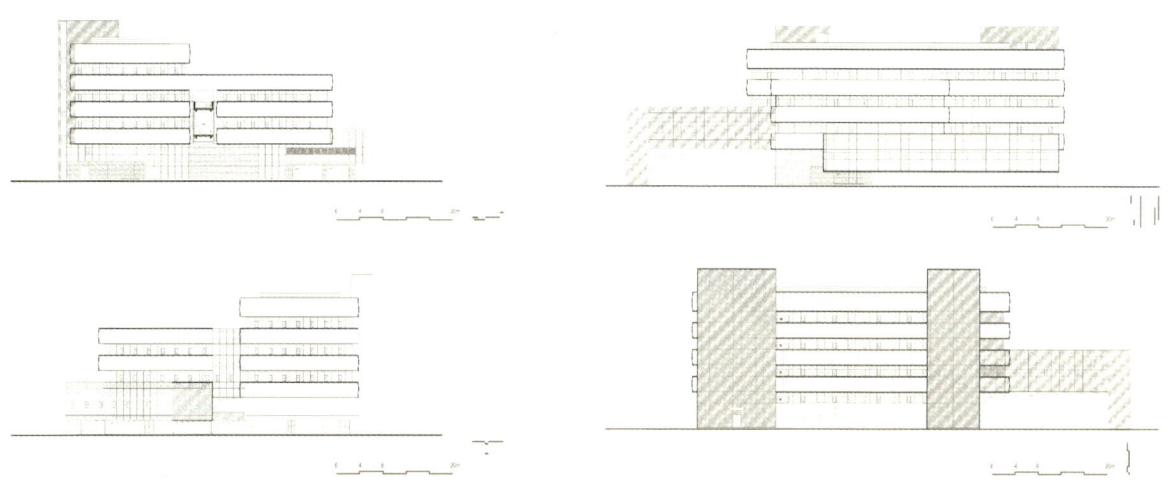

立面图

苏州科技城西渚实验小学

项目类型	公共建筑
设计单位	苏州九城都市建筑设计有限公司
	中铁华铁工程设计集团有限公司（合作）
建设地点	苏州高新区嘉陵江路东、普陀山路南
用地面积	36728.40m²
建筑面积	38551.17m²
设计时间	2017.10—2018.04
竣工时间	2019.07
获奖信息	一等奖
设计团队	于 雷　张武伦　许 潇　李平江　刘 平
	宋江红　戴克辉　张会领　朱戎丹　徐晓晴
	夏晓芳　强梦颖　朱 剑　齐梅玉　王荣春

设计简介

在这个紧凑的平面中，图书馆、报告厅、校史展厅和行政办公位于建筑群中央，教学区靠河，后勤与艺体活动区靠路，一组"日"字形流线将校园不同区域高效地组织起来。这种布局不仅有常规的动静分区与设施城市共享等方面的考量，更重要的是将图书馆设置为一个共享的中庭，并且置于学生日常课间的视线和流线中。此举既提高了图书馆在校园活动中的易达性和可见性，鼓励学生更多地使用图书馆；也有其象征意义——将知识交流与自主探索作为新学校想要传达的一种教学理念。西渚实验小学的平面通过多重院落进行组织，空间原型为苏州多进和多轴线的民居空间。这些院落在尺度、界面、色彩和材质方面变化丰富，展示了校园空间作为一个小社会的不同侧面。西渚实验小学的教学区包含普通班级教室和专业教室，这部分空间布局采用垂直分区的方式，节省了学生课间转班上专业课的穿梭时间，也改善了普通班级教室的采光环境。

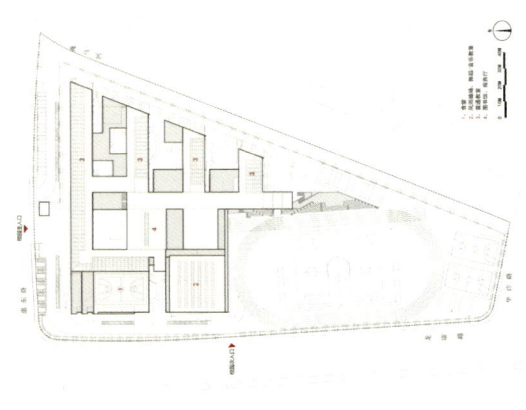

总平面图

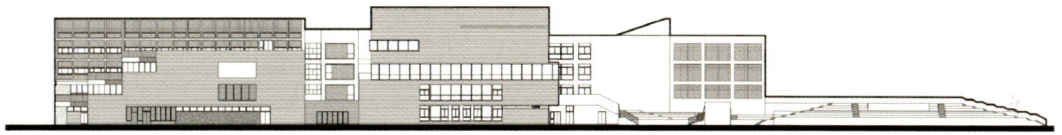
西立面图

东立面图

南立面图

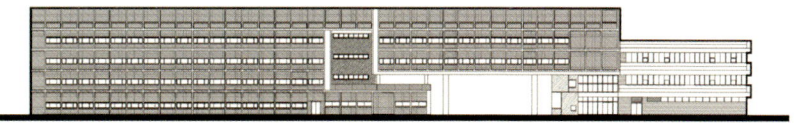
北立面图

浙江上虞鸿雁幼儿园

项目类型	公共建筑
设计单位	苏州九城都市建筑设计有限公司
建设地点	绍兴市上虞区人民大道西段与虞兴路交叉路口
用地面积	14823.00m²
建筑面积	12041.00m²
设计时间	2018.07—2018.11
竣工时间	2019.12
获奖信息	一等奖
设计团队	于 雷　冉闪闪　陈科臻　戴 芳　潘 虹 沈春华　缪隽琰　毛翠侠　钟建敏　裴 君 张贵德　王 俊　仲文彬　侯 亮　周 昊

设计简介

建筑总图布局采用院落空间形态，通过建筑的错列排布保留树木，同时围合出各具特色的庭院空间。这些庭院又和该园特色"安吉游戏"场地结合起来，通过设置沙池、泥地、草坡、木皮坑等不同地面质感及相应的游戏设施，把小朋友的活动与空间体验联系起来。

其次，该园设置了位于二层屋面标高的、贯通全园的屋顶活动平台系统，并将音体室置于三层，成为平台的重要节点，立体地解决了公共活动场地可达性的问题，方便各层小朋友就近到达室外活动。三层音体室和教室交错排布，进一步削弱建筑尺度，让孩子们在露台上能够体验到宛如村落般宜人的街巷空间。空中游戏场下方的架空连廊结合开阔的庭院，为孩子提供丰富多彩的户外活动场所。

总平面图

南立面图

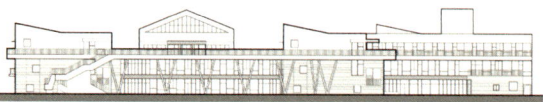

东立面图

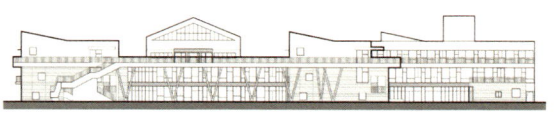

北立面图

西立面图

1-1 剖面图

2-2 剖面图

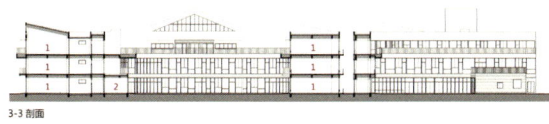

3-3 剖面图

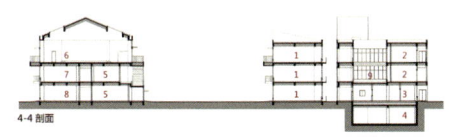

4-4 剖面图

江苏·优秀建筑设计选编 2021 | 081

南京金融城二期（西区）

项目类型	公共建筑
设计单位	江苏省建筑设计研究院股份有限公司 德国GMP国际建筑设计有限公司（合作）
建设地点	南京市建邺区
用地面积	65044.00m²
建筑面积	376672.00m²
设计时间	2016.06—2017.10
竣工时间	2020.02
获奖信息	一等奖
设计团队	徐延峰 李 伟 王小敏 张 诚 陈 丽 金如元 贾 锋 冯 瑜 张 磊 陈 仲 梁 磊 蔡世捷 王 帆 夏卓平 陈 震 吴 蔚 李嘉慧

设计简介

本项目着力于在青奥村地区展现南京城市的历史文化特色，通过轴线两侧街墙的特色处理来关联历史空间的形态。南京金融城二期科技型和现代的建筑外立面采用创新型立面单元，其在高度不同的高层建筑中具有多种功能，同时又保持了统一和谐的建筑语言。立面模数为1.50m，因此为经济实用的装修和石膏板墙连接创造了最佳条件。立面单元由宽1m、高3.5m的玻璃构件和竖向连接盲板以及宽50cm的折叠金属构件组成，该金属构件含有一个宽20cm、进深25cm凹缝，其在超高塔楼中通过内部安装的间接照明可渲染建筑的挺拔感。竖向玻璃凹缝划分了建筑肌理，显示了建筑内部电梯厅的位置。两层一体的横向玻璃立面强调了超高建筑的形象，并在视觉上使主楼与拥有石材外墙实体立面的裙房隔开而变得更为超脱。

总平面图

A1栋东、南立面图 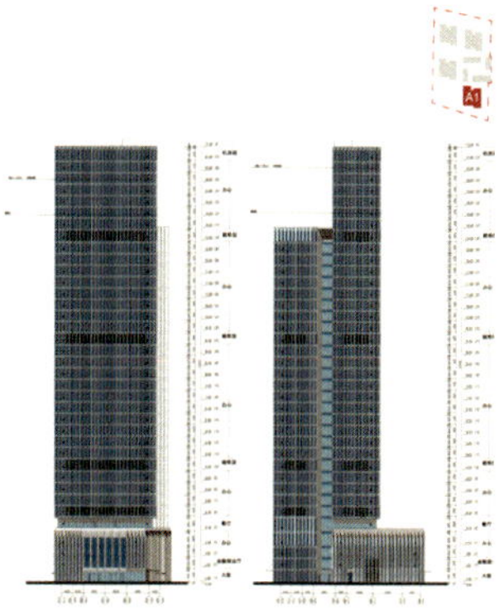　　　A1栋西、北立面图 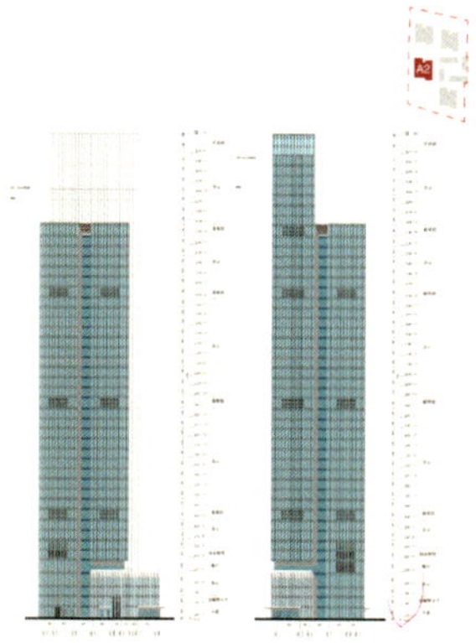　　　A2栋东、南立面图 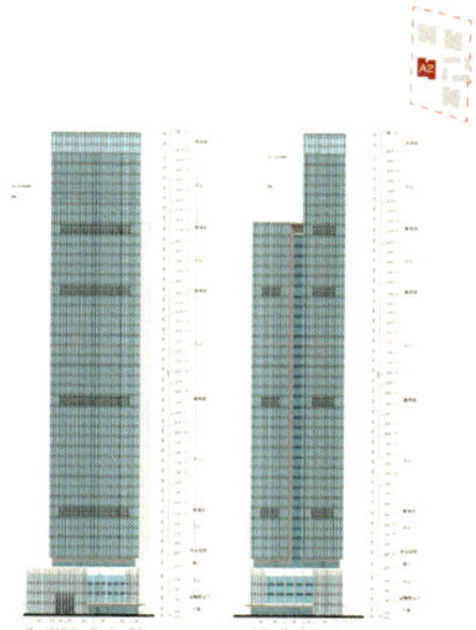　　　A2栋西、北立面图

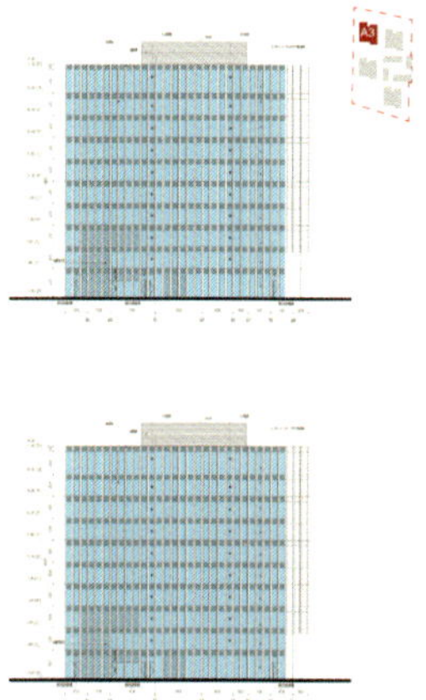

A3栋东、南立面图 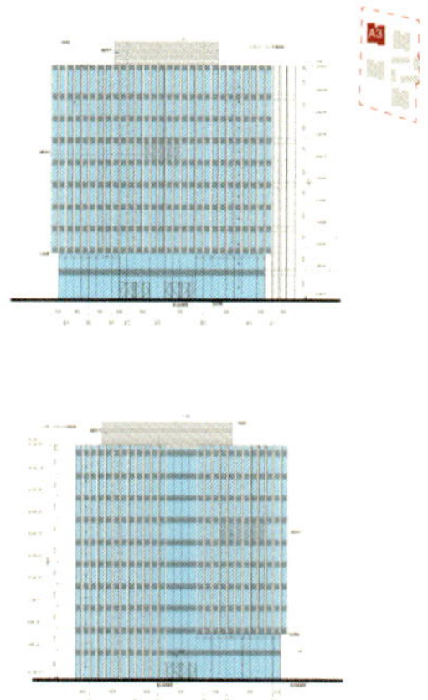　　　A3栋西、北立面图 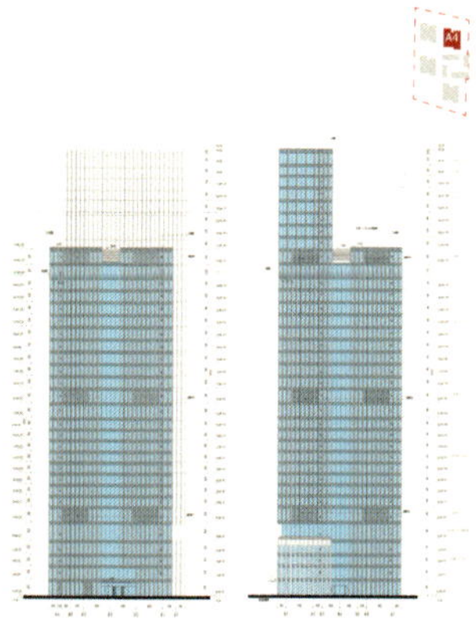　　　A4栋东、南立面图 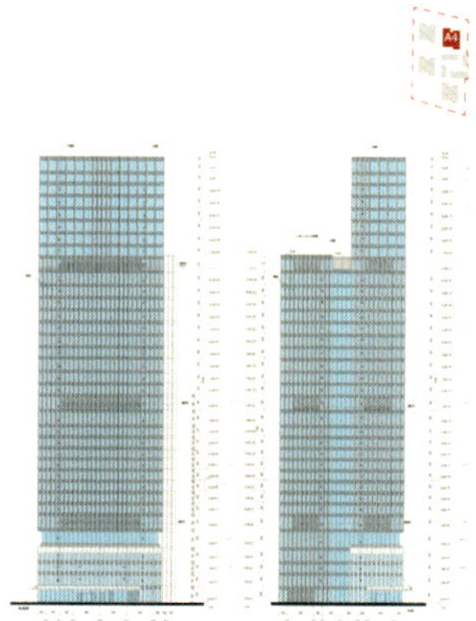　　　A4栋西、北立面图

南京理工大学（江阴校区）图书馆

项目类型	公共建筑
设计单位	南京大学建筑规划设计研究院有限公司
建设地点	江苏省江阴市
用地面积	742912.20m²
建筑面积	27034.46m²
设计时间	2018.05—2019.04
竣工时间	2020.04
获奖信息	一等奖
设计团队	廖 杰　程 超　陆鸣宇　谢忠雄　刘晓黎 潘 华　肖玉全　施向阳　陈洪亮　季 萍 薛书洋　王呈祥　王 进　王 倩　巫 程

设计简介

项目以"知识殿堂+阳光客厅"为设计理念，采取长方形的设计体量，东西长边，南北短边，呼应校园用地东西向长、南北向短的走势。南侧主入口面向校前区广场，并设置台阶通达二层主入口，构成体量雄浑的知识殿堂；内部设置屋顶花园和采光中庭，为核心阅览和交往空间引入光线，使这里成为充满阳光的校园会客厅。作为图文中心、学生中心和信息化中心"三位一体"的学习中心，在中庭和侧厅采用天窗引入阳光形成明亮的阅读氛围，在中庭两侧设置书廊，侧厅周边设置讨论室，东西布置的主要阅览区域靠南北两侧结合立面进退设置阅读小间，提供私密的阅读空间。图书馆为校园核心区的最高建筑，偏古典构图的立面，竖向三段式设计和横向三个层次的进退处理，四个面都呈现门的意向，采用浅米色石材，整体风格沉稳大气。

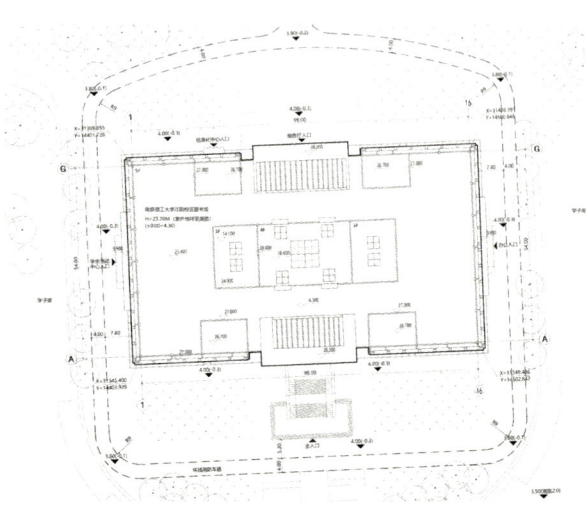

总平面图

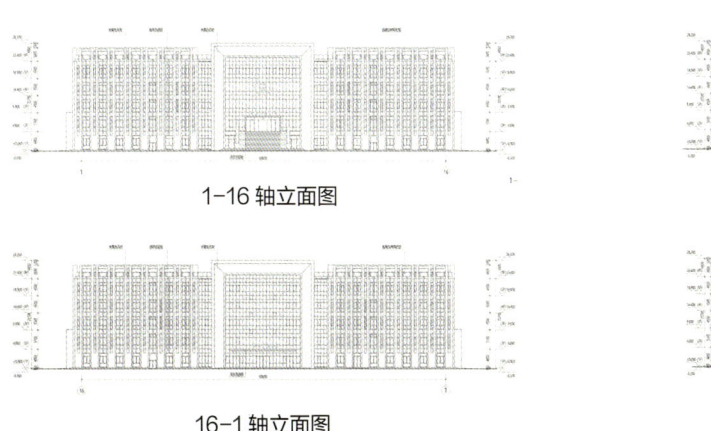

1-16 轴立面图

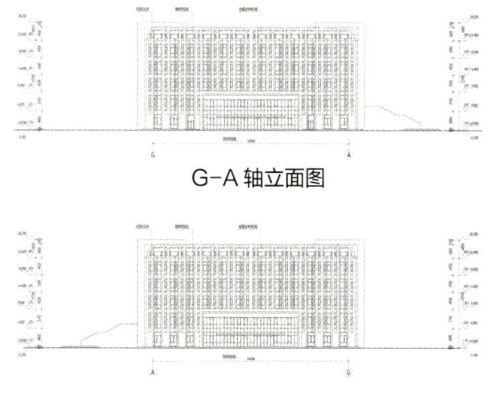

G-A 轴立面图

16-1 轴立面图

A-G 轴立面图

宜昌兴发广场商业综合体项目

项目类型	公共建筑
设计单位	南京金宸建筑设计有限公司
建设地点	湖北宜昌市
用地面积	26286.84m²
建筑面积	141636.47m²
设计时间	2018.03—2018.07
竣工时间	2020.04
获奖信息	一等奖
设计团队	李 青 马 莹 陈跃伍 赵 婧 宋伟伟 王 浩 朱晓文 李俊凯 石 英 葛少平 蒋叶平 杨振兴 祝 劲 陈玉全 吴 喆

设计简介

本项目基地结合周边山体和道路布置，建筑主要空间和展示面放在此侧，结合东侧中南路人流量，故在东南角设置主要出入口。本项目重点打造环商业步行街景观带和屋顶运动公园沿途景观带，其间设置若干景观节点丰富景观层次，为市民购物休闲提供绝佳场所。场地竖向设计以外部道路标高为参照，以大缓坡的方式处理基地西北侧和东南侧高差，通过双首层的形式与不同段市政道路尽量平接，维持了较好的市政界面形象，结合地形和山体高低走势设计台阶通向屋面，在保留上体的原始走势的同时也创造出丰富的空间形态。

总平面图

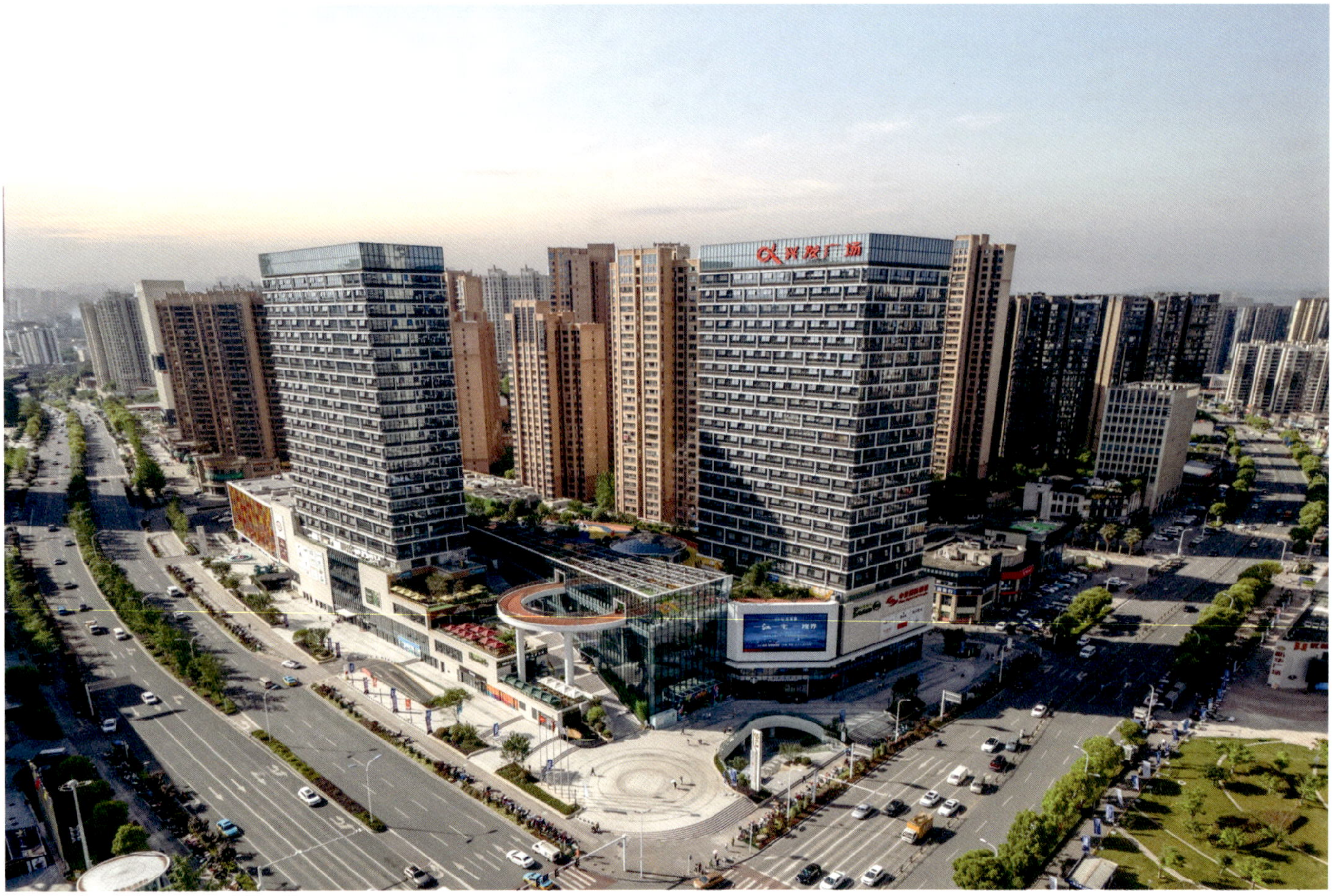
兴茂广场

兴茂广场

兴茂广场
一口喝三香
更有草本浆
STARBUCKS COFFEE

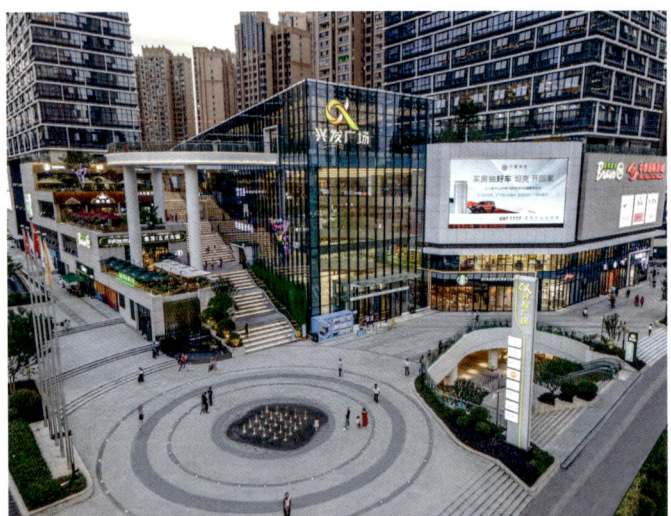

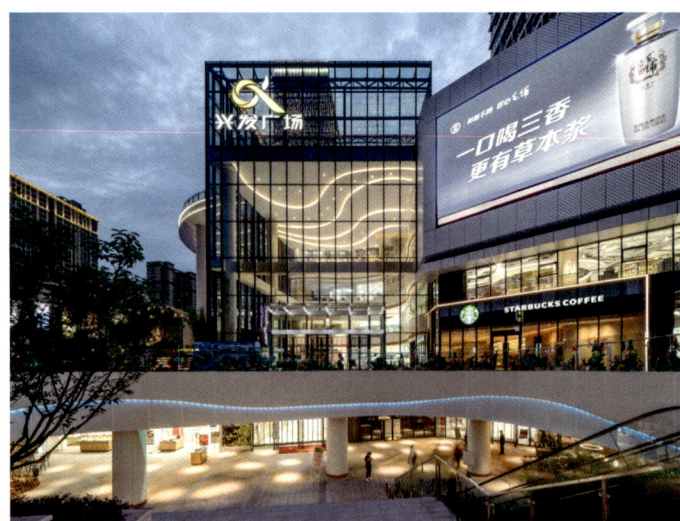

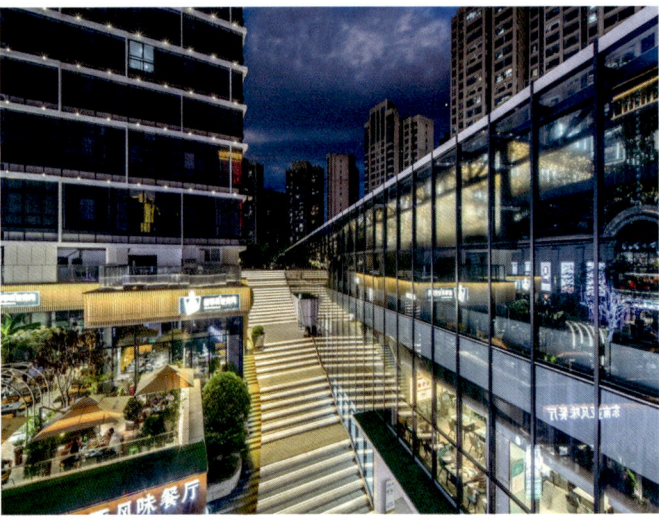

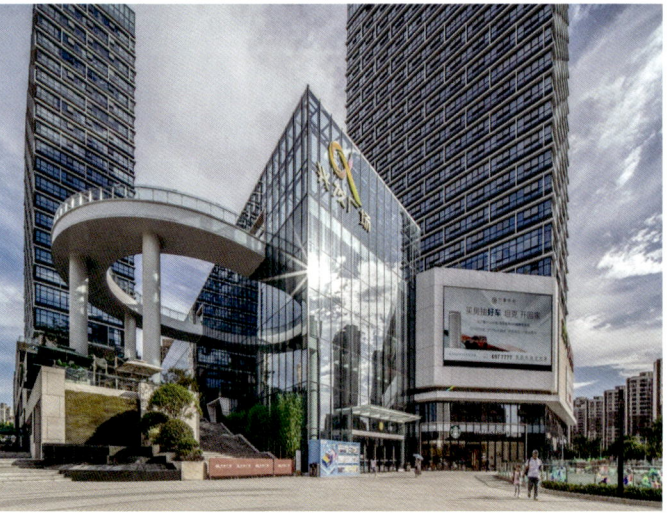

1-30 轴立面图

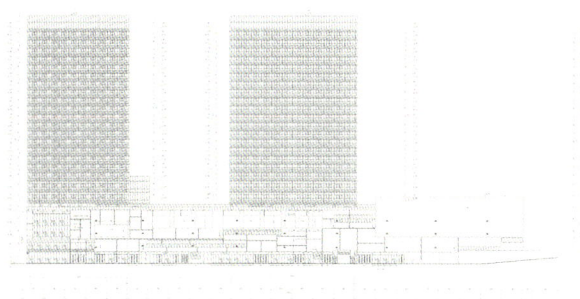

30-1 轴立面图

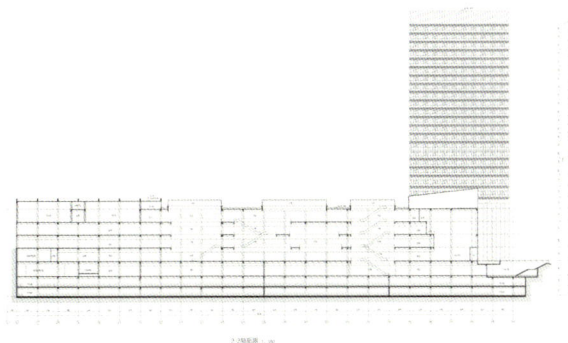

2-2 剖面图

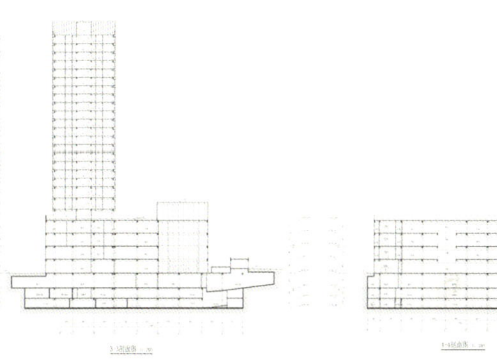

3-3 剖面图

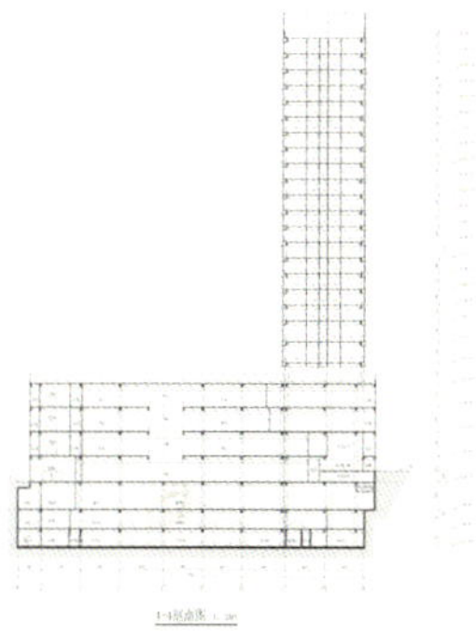

4-4 剖面图

金阊体育场馆工程项目

项目类型	公共建筑
设计单位	中衡设计集团股份有限公司
建设地点	苏州市金阊区
用地面积	46545.00m²
建筑面积	32243.00m²
设计时间	2014.01—2015.11
竣工时间	2018.12
获奖信息	一等奖
设计团队	高霖　冯正功　胡湘明　黄琳　马亭亭 王涛　章宁　刘晶　赵宝利　殷吉彦 廖健敏　王祥　钱伟　沈晓明　王晨旭

设计简介

金阊新城体育馆与其东南方的虎丘塔风景名胜遥相对望，是以在场地南侧设置相对静谧的观景平台，另有缓坡引导游人蜿蜒而上，好似虎丘山林小径曲折绵延。屋面活动、室内活动与对面体育公园的活动及流线相呼应，打造室内室外一体，与城市各节点呼应的建筑。外部广场作为引入体育公园绿地的景观空间，可以起到集散人群的作用。一层多个庭院空间是金阊新城体育馆的"露天起居室"，既是建筑空间的室内延续，又是外部自然的内向延伸。体育馆立面采用白色波浪形的GRC板，与螂桥港水面的波光粼粼形成场景上的呼应。在其下方的大面积玻璃幕墙映射出周边自然环境，建筑以一种消解的姿态与城市进行对话，实现建筑在环境中的多维度布陈。直立锁边的屋面顺势而下，形成与白色GRC板对比强烈的金属板材立面，给人视觉上通畅的下落感和线条感。

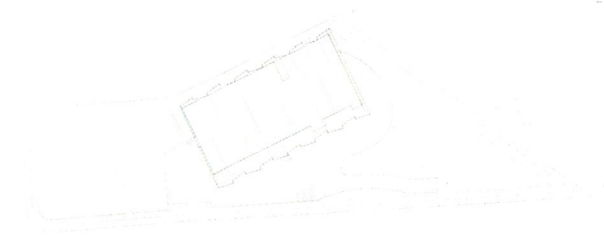

总平面图

西北立面图	西南立面图
东南立面图	东北立面图

一层平面图	二层平面图	三层平面图

苏州高新区景山实验初级中学校

项目类型	公共建筑
设计单位	苏州九城都市建筑设计有限公司
建设地点	苏州高新区建林路绿化西、太湖大道绿化地北
用地面积	61511.00m²
建筑面积	50643.00m²
设计时间	2017.07—2018.02
竣工时间	2020.03
获奖信息	一等奖
设计团队	于 雷 肖 凡 王 展 冉闪闪 钱宇川
	祁文华 沈春华 刘 浩 刘凤勤 钟建敏
	张贵德 沈勋清 姜进峰 薛 青 梁瑜萌

设计简介

将"山·院·廊"的概念，引入基地西边山地景观，在建筑中间形成各色院落，重新激活校园景观，结合东侧的绿化林，形成自西而东延绵而下的城市绿化景观。二层连廊贯通食堂、艺体馆、教学楼等学生主要活动空间，营造出多层次的校园结构，增加趣味性空间，形成点、线、面的有机组合，使功能繁杂的校园建筑具备城市性的体验。设计充分考虑场地周边环境特征，以苏式传统民居作为设计意向，形成山体环抱下的地标性建筑群。多条视廊轴线形成多方位的对景效果，空间节点主次有序，带来"山水交融、气韵流动"的整体空间架构。

实体建筑体量以虚化流动空间进行分隔和联系，各组建筑之间相对独立又可便捷到达，造就了公共空间的多样性，使校园建筑具备城市性的体验。通过视线与流线设计鼓励师生高水平地利用教学资源，形成自立探索型教学空间。

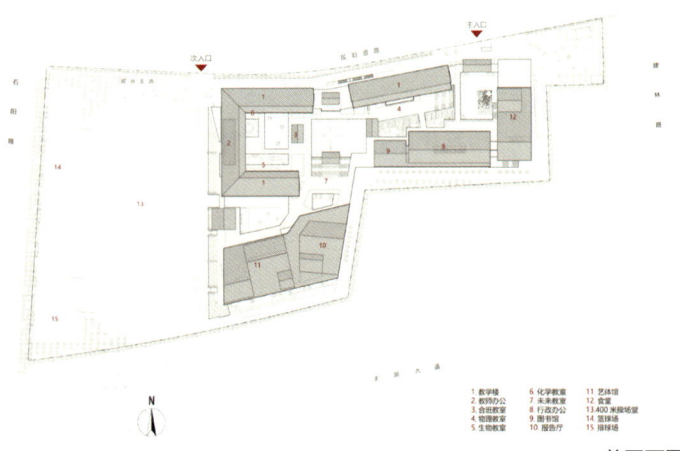

总平面图

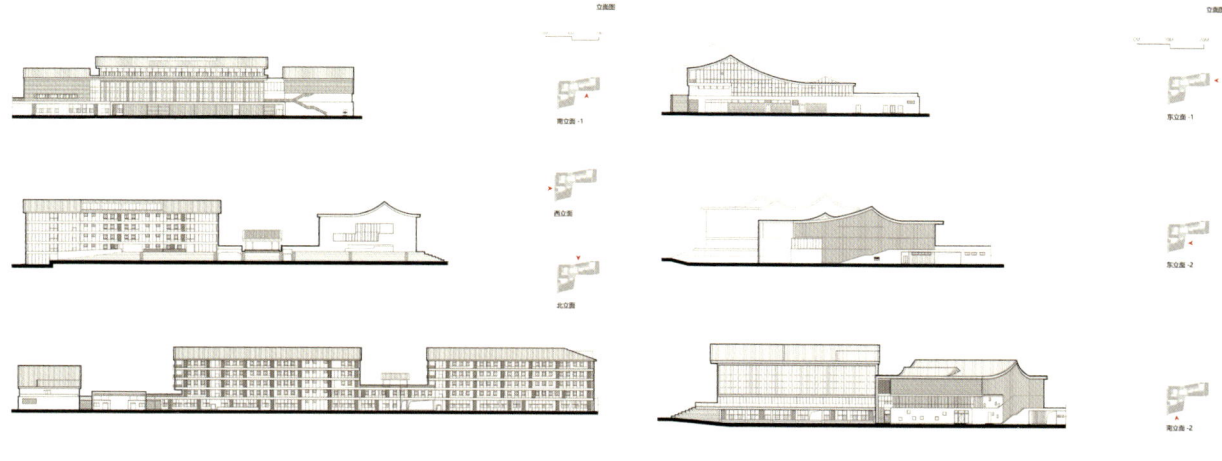

立面图　　　　　　　　　　　立面图

南通师范高等专科学校新校区二期工程
—— 学前、美术教学组团

项目类型	公共建筑
设计单位	东南大学建筑设计研究院有限公司
建设地点	南通市经济技术开发区育贤路2号
用地面积	58478.00m²
建筑面积	22177.00m²
设计时间	2019.02—2019.05
竣工时间	2020.05
获奖信息	一等奖
设计团队	蒋 楠　周 玮　徐 旺　钱 锋　狄蓉蓉 朱筱俊　伍雁华　孙 毅　李斯源　范大勇 李 响　钱 锋　李 骥　陈 拓　史旭辉

设计简介

本项目在根据组团功能特征强化建筑特色、高装配率与空间丰富性融合、低造价与高品质高完成度的兼得等方面进行了创新性探索。西教学组团的建成进一步强化了百年历史校园的整体空间结构，与原有教学组团融为一体。

在符合整体校园氛围的前提下，两个组团均根据各自的功能特征强化了建筑特色。学前教学组团培养未来的幼儿教师，因此在设计中注重书院教书育人氛围的营造，在其书院内部营造出丰富多元的内院空间。而美术教学组团培养未来的美术教师或艺术相关从业者，设计中强调艺术气息的建筑表达，建筑形式富于雕塑感，室内空间大胆使用彩色，师生在其中得到艺术氛围熏陶。

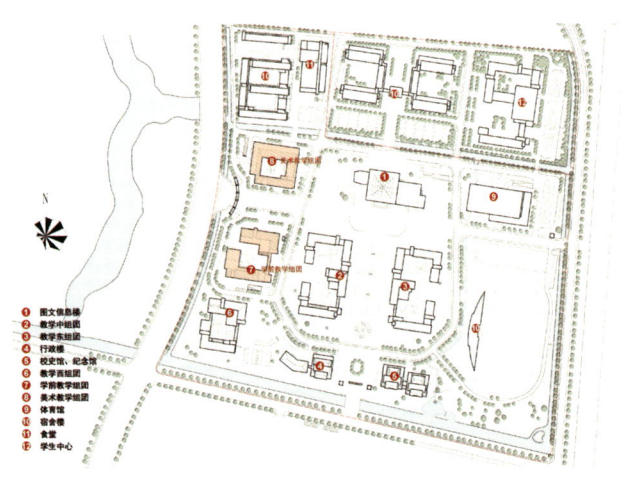

总平面图

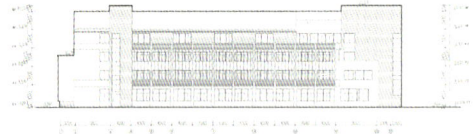

学前教学组团东立面图

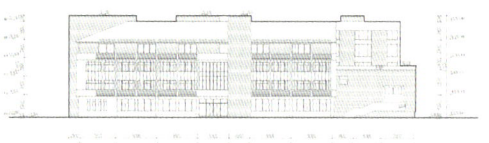

学前教学组团北立面图

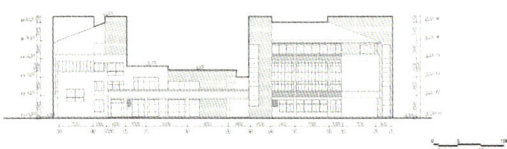

学前教学组团南立面图

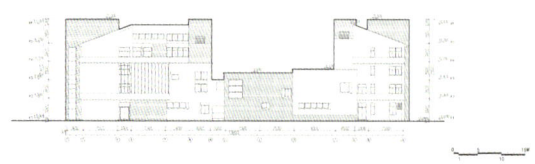

学前教学组团西立面图

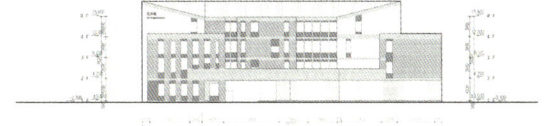

美术教学组团东立面图

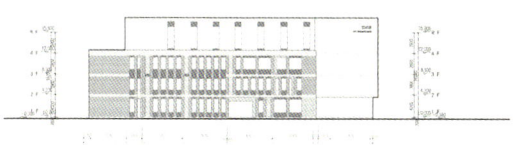

学前教学组团西立面图

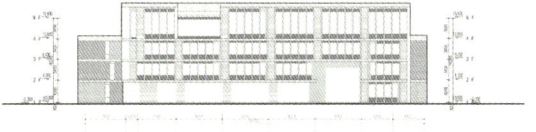

学前教学组团南立面图

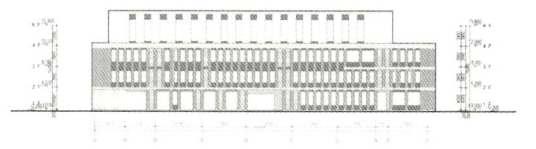

学前教学组团北立面图

中航科技城A座
（中航科技大厦）项目

项目类型	公共建筑
设计单位	南京市建筑设计研究院有限责任公司
	凯里森建筑设计（北京）有限公司上海分公司（合作）
建设地点	南京市中山东路518号
用地面积	20083.00m²
建筑面积	166595.20m²
设计时间	2011.12—2013.07
竣工时间	2018.01
获奖信息	一等奖
设计团队	路晓阳　沈劲宇　殷平平　李永漪　陈　波
	郝光宇　李　勇　樊　嵘　夏长春　黄志诚
	章征涛　胡　涛　张建忠　陈　灿　殷小石
	丁　骏　王　心　朱洪楚　李建胜　卢　颖

设计简介

项目为高端业态城市综合体，集办公、酒店、配套商业、文化娱乐等为一体，具有城市综合体的多样性和复合性。多元的空间通过空中、地下和地面形成多层次的联系，形成互补的、流动的、连续的空间体系，营造了一个立体的复合型消费和生活的空间，给予人们多元的商业和休闲体验。立面造型设计主要从不同建筑体量的穿插处理着手。办公塔楼通过玻璃幕墙的细部设计，塑造出简约而又富于变化的现代办公建筑形象。裙房的立面则重视大面的虚实变化，采用干挂石材幕墙，强调细部设计，烘托出时尚宜人的商务办公氛围。

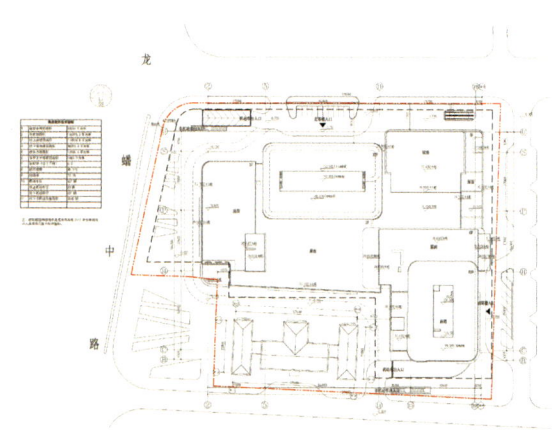

总平面图

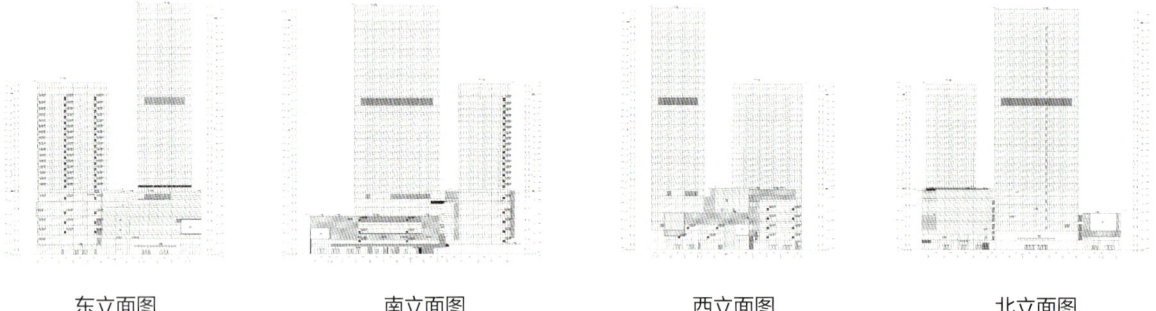

| 东立面图 | 南立面图 | 西立面图 | 北立面图 |

南京江浦青奥 NO.2016G49地块项目

项目类型	城镇住宅和住宅小区
设计单位	江苏筑森建筑设计有限公司
建设地点	江苏南京市浦口区
用地面积	56900.00m²
建筑面积	190500m²
设计时间	2016.11—2017.04
竣工时间	2019.09
获奖信息	一等奖
设计团队	贾 杰　陈可鸣　苏 武　戴其彪　吴兆鹏 姚玉荣　沈 叶　蔡 军　郑春雷　陶 炜 严晓杨　李 梁　何 正　刘 翀　李 栋

设计简介

项目充分利用市区商业价值，规避周边市政道路噪声的影响，通过小区内环境的营造、合理的规划布局创造尽可能多的景观价值，打造一流的高尚生活社区。小区建筑整体布局顺应地形，充分提高土地的利用效率。住宅朝向均为南北向。地面为22栋住宅，其中1-7栋为高层，8-22栋为多层洋房，1-7栋为27层，8-22栋均为6+1层，景观区由南及北贯穿整个小区，并延伸进入住宅楼之间的景观场地，这让小区的景观设置更加均衡。

总平面图

高层北立面图

高层南立面图

洋房北立面图

洋房南立面图

万科翡翠天御（泉山区黄河南路南、矿山东路西2016-27号地块）

项目类型	城镇住宅和住宅小区
设计单位	江苏筑森建筑设计有限公司
建设地点	徐州市泉山区黄河南路南，矿山东路西
用地面积	51000.00m²
建筑面积	196000.00m²
设计时间	2017.01—2017.05
竣工时间	2020.05
获奖信息	一等奖
设计团队	程晓理　韩　玲　邵玲琪　罗　立　张建新 谈　萍　蔡　烨　高乔湘　蒋珂斌　周志伟 吕　青　张　震　王云如　李晓晗　姜丁平

设计简介

回归现代主义的理性空间，重新追寻技术美与人情味的和谐统一，以简约、洗练、纯粹的纯净主义风格，构建不同气质与氛围的功能空间。住宅区域的居住者情感回归于宁静与自然；商业区域的消费人群体验丰富而富有激情的时尚空间；完整和谐的整体格局与精心设计的建筑细节成就精品楼盘。小区景观采用"中心景观＋带状轴线"的结构布置，注重外部自然景观的延续，既突出核心，又达到小区景观环境的均好。小区核心景观为水景和铺地景观，各高层住宅围绕布置。组团绿地采用铺地结合康体设施的方式，提高组团中心的利用率，为居民提供交流空间。

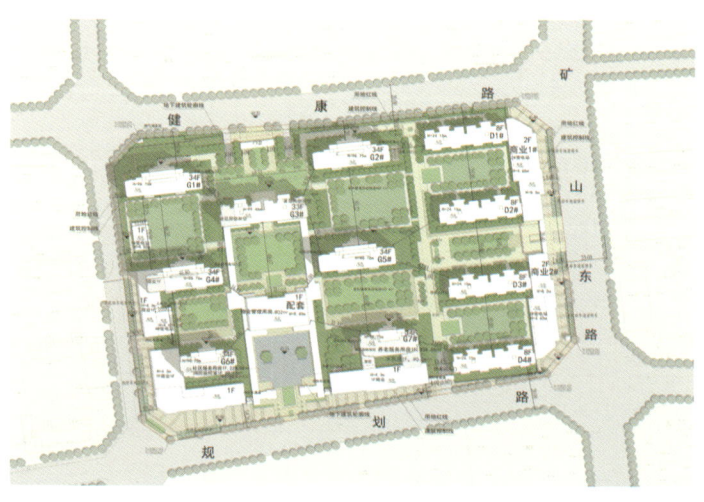

总平面图

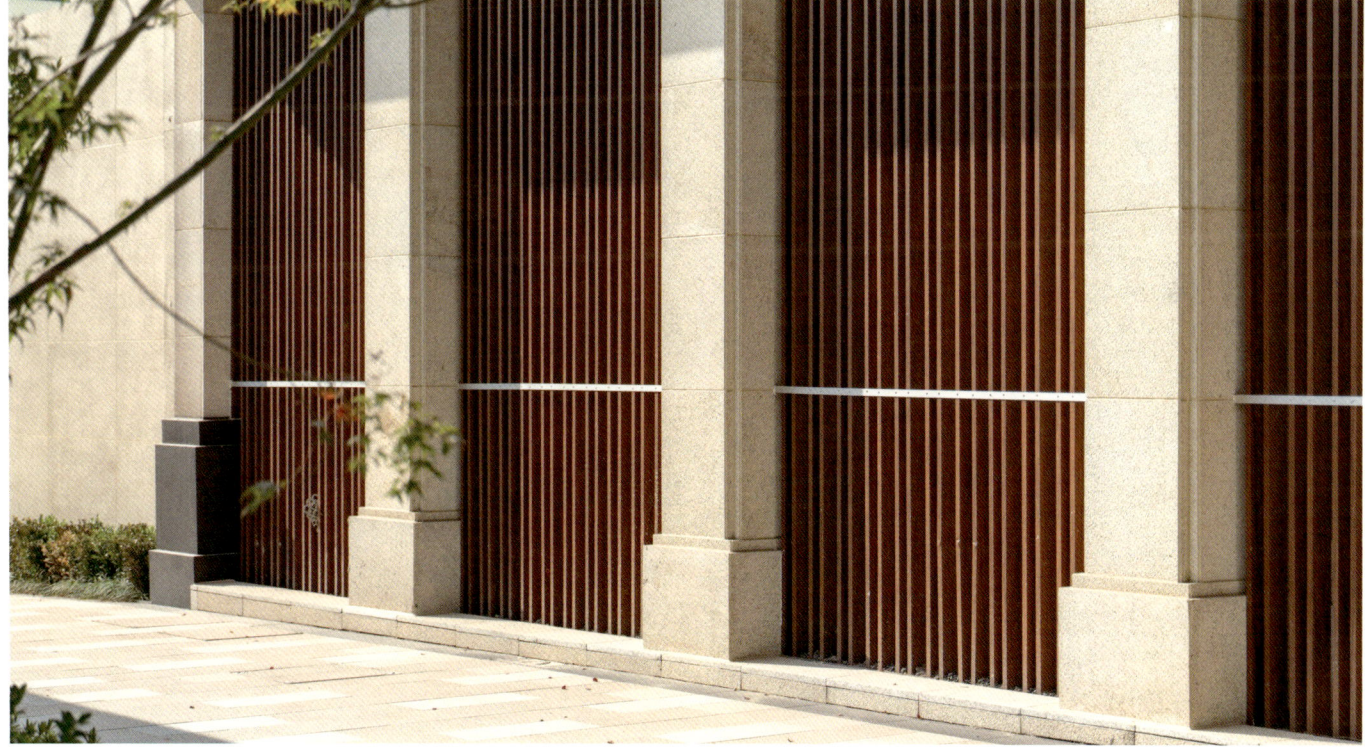

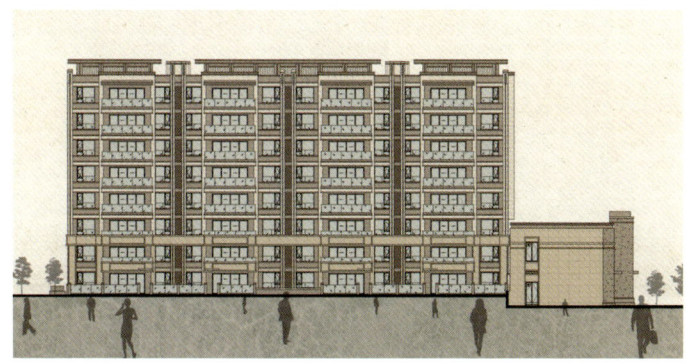

南立面图

北立面图

宝华桃李春风项目

项目类型	城镇住宅和住宅小区
设计单位	南京长江都市建筑设计股份有限公司
建设地点	江苏省句容市
用地面积	136800.00m²
建筑面积	228000.00m²
设计时间	2017.04—2017.09
竣工时间	2019.11
获奖信息	一等奖
设计团队	王克明　肖伟平　刘　顺　陈天鹏　陈大好
	谭德君　胡乃生　梁渊彬　赵　伟　孙苏谊
	曹　志　刘　铁　章传胜　宋世伟　刘　蔚

设计简介

项目位于句容宝华山国家森林公园北麓，西临宝华山庄及千华古村，环境宜人，风景秀丽。规划以一条生态休闲轴串联多个功能空间，形成相互联系的景观、居住、休闲组团，充分利用先天资源优势，最大限度地发挥优良的景观条件。

整个规划区采用主路高效、社区慢行、人车分流的交通形式，在解决交通需求的同时，提高人行系统的行进体验，结合竖向及景观设计，做到步移景异的人行感受。在单体住宅设计中，以中国传统建筑为原型：白墙黛瓦、飞檐翘脊。利用现代化的设计手法将传统元素简化和再设计，形成满足当下居住和审美需要的现代住宅。不仅能提供极具诗词意境的传统住宅空间，又能满足现代生活各种精致化要求。

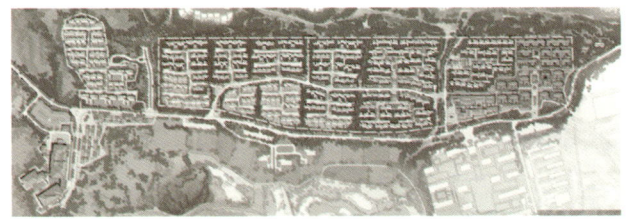

总平面图

银城河滨花园云台天镜

项目类型	城镇住宅和住宅小区
设计单位	南京长江都市建筑设计股份有限公司
建设地点	江苏省南京市江宁区云台山河路1号
用地面积	89400.00m²
建筑面积	304500.00m²
设计时间	2017.01—2017.08
竣工时间	2019.08
获奖信息	一等奖
设计团队	彭 婷 吴敦军 王聪银 李 明 顾 巍 刘 颖 袁 芝 施 杰 许小俊 王海龙 潘 溢 冯寅和 栗秀红 杨奕韶 卞维锋

设计简介

本设计从自然景观和人文气息两方面着手，将居住文化中的城市情结与自然生态环境相结合，强调居住的归属感，充分体现生态园林化、健康安全化的理念：（1）尊重自然，享受自然。打造园林化社区，从环境入手，将舒适生活和健康文化付之实际，努力创造一个充满情感与智慧的环境。（2）构筑社区生活"归属领域"，均好与共享并重。避免景观资源过于小型化、分散化。让每个住户能够平等地享受资源，同时获得更高的价值回报。（3）经济实用理念。从总体规划和单体设计多方面、多角度精心细致设计，为用户获得最大的利益，为开发赢取最大的回报。在保证住宅功能和舒适度的前提下，坚持节约和开发并举，把节约放到首位。

总平面图

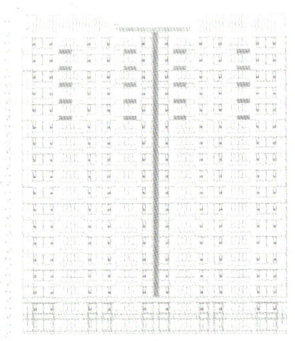

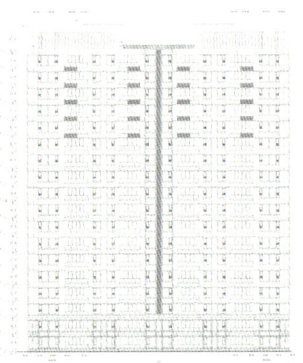

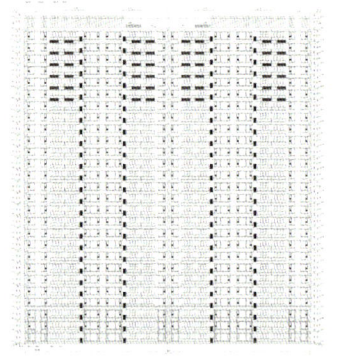

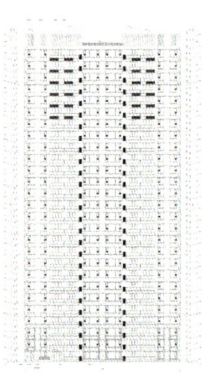

1号、5号楼南立面图　　　4号、8号、9号楼南立面图　　　7号、10号、11号、13号、15号楼南立面图　　　16号楼南立面图

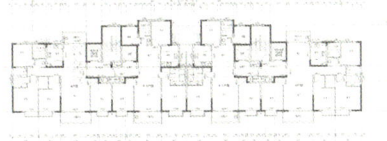
1号、5号楼标准层平面图

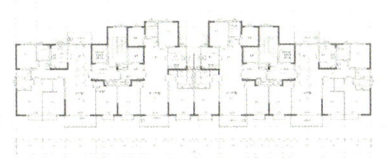
4号、8号、9号楼标准层平面图

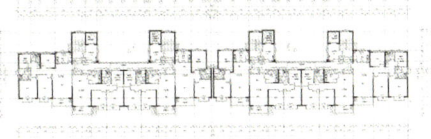
7号、10号、11号、13号、15号楼标准层平面图

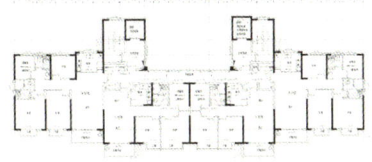
16号楼标准层平面图

NO.2016G54地块房地产开发项目

项目类型	城镇住宅和住宅小区
设计单位	南京长江都市建筑设计股份有限公司
	汇张思建筑设计咨询有限公司（合作）
建设地点	江苏省南京市江宁区
用地面积	73200.00m²
建筑面积	130900.00m²
设计时间	2016.05—2016.10
竣工时间	2020.06
获奖信息	一等奖
设计团队	董文俊　王克明　许海龙　许　建　张　伟
	范玉华　杨　芳　曾春华　张治国　张半夏
	王流金　陈奕杰　杨海沫　彭　程　石先旺
	王　筠　储国成　王　伟　董　欣　吕培培

设计简介

项目打造精品化生态社区，从点滴设计出发，将居住空间的风环境、光环境、声环境、空气品质、舒适度等进行高性价比、高品质的设计。地理位置优越，交通便利，总体结构简洁工整，住宅组团丰富有序，空间组织架构清晰，针对不同人群的需求作出积极响应，以环境和空间特征实现对人主动的接应，争取最大程度的亲和，创造出一个融合于城市，但超越于城市的新城市主义高尚社区。提倡以新科技手段实现"节能、节水、节电、节地、治污"，实现环境的可持续发展，也实现经济效益、社会效益与生态效益三者统一。

总平面图

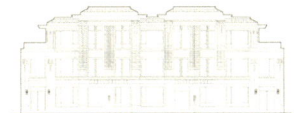
1-19 轴立面图

南立面图

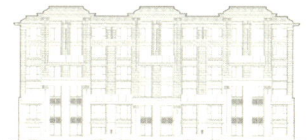
1-37 轴立面图

19-1 轴立面图

北立面图

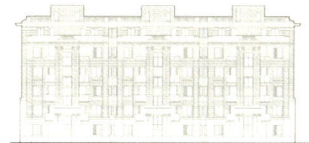
37-1 轴立面图

观天下山庄二期（一批次）

项目类型	城镇住宅和住宅小区
设计单位	南京长江都市建筑设计股份有限公司
	北京羲地建筑设计研究有限责任公司（合作）
建设地点	镇江句容市铜龙省道东侧
用地面积	173921.00m²
建筑面积	158198.00m²
设计时间	2018.02—2018.04
竣工时间	2020.06
获奖信息	一等奖
设计团队	汤洪刚 杜 瑞 董文俊 施 鸣 张 伟
	周凤平 谭德君 徐 阳 曾春华 曹 琦
	王凯旋 杨海沫 许 建 彭 程 杨先财
	吕本成 张荣升 李大臣 宋 祥 凌 俐

设计简介

建筑单体结合山体打造良好的公共景观和错落有致的建筑布局，极大地丰富了整个小区内外部空间，实现每个户型朝向及景观的均好性设计。充分结合地形依山就势，用地南低北高，高差大，建筑依山而建，南侧阳坡面相对平坦区域布置了几个由32户组成的中式标准坊；相对高差大的区域由几个变异坊来化解高差，营造山地建筑丰富错落的感觉；小区内部绝大部分区域是不走车的，人行系统利用山地台地高差和景观节点，获得了更好的体验感；在不同标高的区域设置了几个独立的地下一层车库，利用竖向高差设计，有的车库可以平着到达车库层，有的车库层可以直接采光通风，获得了好的效果，也节约了资源。

景观轴线

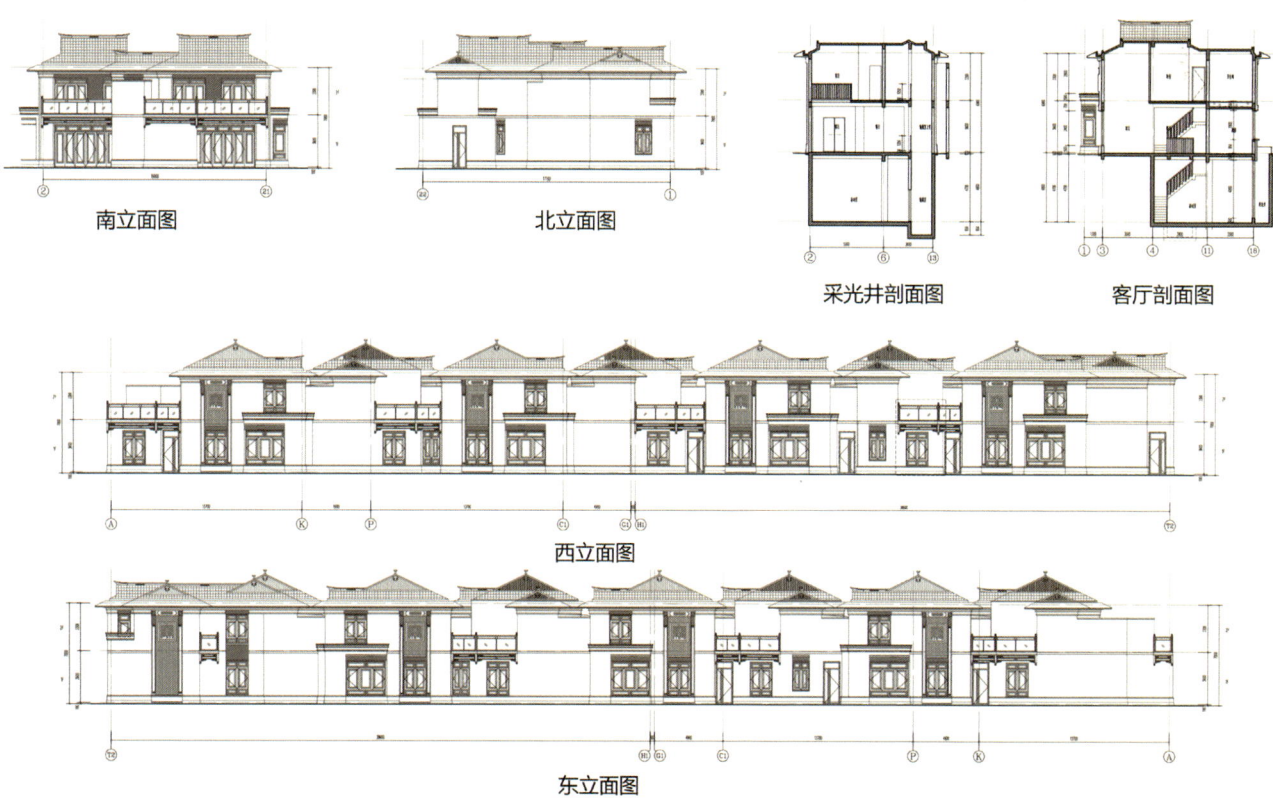

南立面图　　北立面图　　采光井剖面图　　客厅剖面图

西立面图

东立面图

南京佘村安置区

项目类型	村镇建筑
设计单位	东南大学建筑设计研究院有限公司
建设地点	南京江宁东山街道佘村
用地面积	6489.00m²
建筑面积	2374.00m²
设计时间	2017.11—2018.06
竣工时间	2019.08
获奖信息	一等奖
设计团队	王彦辉　齐　康　刘政和　黄博文　经雨舟　寿　刚　金　俊　叶　菁

设计简介

设计建立在对用地的深入调研、对村民居住需求的详细了解基础上，顺应村民现有生活方式特点，满足村民"有院落、堂屋、储藏室，厨房相对独立"等具体意愿。建筑基于"在地性"的营造策略，延续传统乡村空间格局和建造技艺，并引入绿色低碳的生态技术，形成了适合当地且可推广的设计模式。

总平面图

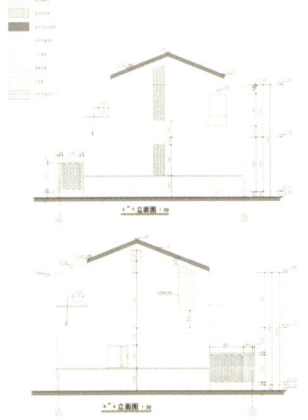

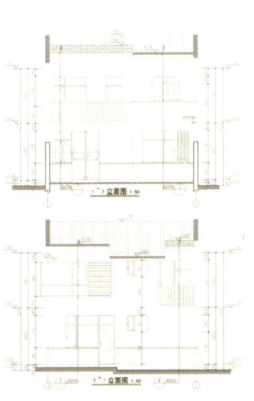

典型住宅 2 号楼立面图

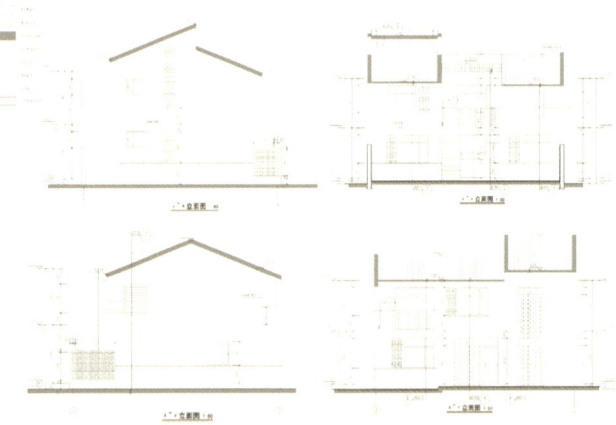

典型住宅 3 号楼立面图

浦口区江浦街道巩固6号地块保障房项目二期（PC建筑人才公寓）设计

项目类型	装配式建筑
设计单位	南京长江都市建筑设计股份有限公司
建设地点	南京市浦口区
用地面积	10910.00m²
建筑面积	26578.00m²
设计时间	2016.05—2016.08
竣工时间	2020.06
获奖信息	一等奖
设计团队	张奕 吴敦军 王聪银 彭婷 许小俊 王流金 杨承红 李明 江丽 胡乃生 向彬 吴磊 徐镇 吕培培 陈乐琦

设计简介

建筑设计理念秉承"以青年人才需求为设计目标，以体现时代创新为形式特质，以'绿色+装配'为技术途径，营造出绿色、舒适、时尚的居住场所"。采用标准化、模块化的设计手法，平面上全部采用50和70两种标准户型模块，与核心筒模块组合，形成高重复率、高标准化的建筑平面；立面运用"少构件、多组合"的设计方法，南向以标准化尺寸的梯形阳台结构板进行错位摆放，与规格统一的空调机位穿孔铝板组合，创造出富有韵律的立面肌理，北向同样以标准斜切板进行网状图形构成设计，构建出规则与变化兼具的立面艺术形式。

项目全面推广应用建筑工业化技术，采用成品房技术，实现土建和装修设计施工一体化，是南京浦口区首个装配式建筑项目，成为2017年南京市建筑产业现代化示范项目，装配率达77.5%，综合评价等级达三星级。

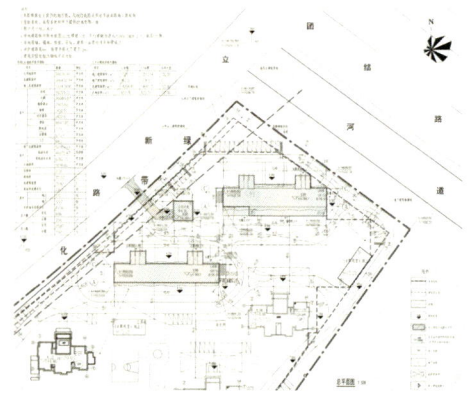

总平面图

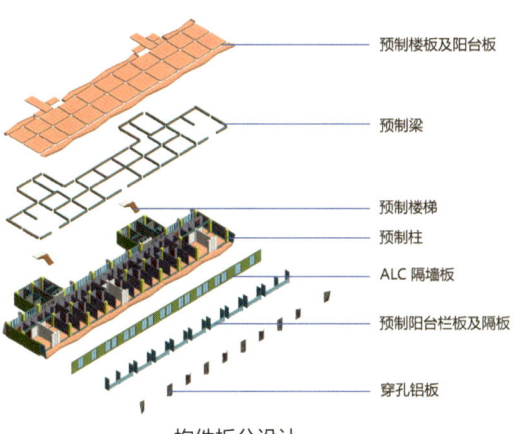

构件拆分设计

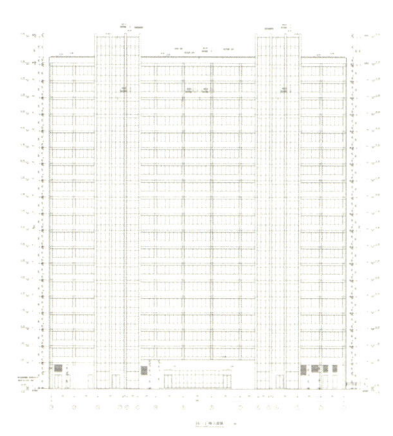

16-1 轴立面图

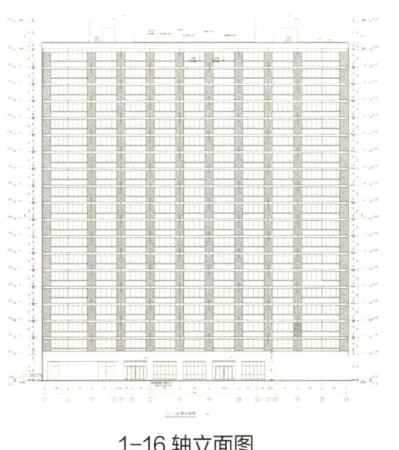

1-16 轴立面图

A-D/D-A 轴立面图

二等奖作品

江苏·优秀建筑设计作品
2021

苏州工业园区钟南街义务制学校

项目类型	公共建筑
设计单位	启迪设计集团股份有限公司
建设地点	苏州市工业园区钟南街以东、东沈浒路以南
用地面积	80784.06m²
建筑面积	80952.14m²
设计时间	2018.12—2019.10
竣工时间	2020.05
获奖信息	二等奖
设计团队	蔡爽 苏鹏 赵坚 王颖 董辉 凌宇翔 张垚 顾睿 林新霞 陆春华 唐伟 张琴 王海港 张哲 祝合虎

总平面图

设计简介

项目包含一个8轨72班的九年制学校和一个10轨30班的幼儿园。在总体布局上，将运动场地设置在场地的西侧，阻挡城市道路的噪声对学校的影响；建筑体量围绕运动场展开，在钟南街充分展现学校形象。幼儿园部分设置在位于九年制学校东侧的一块完整的地块之上，靠近雅戈尔太阳城天邑并且紧邻城市水系，环境安静而优美。

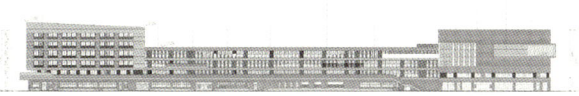

4-Y/1-E 立面图

1-54/1-1 立面图

1-A/3-A 立面图

1-1/1-54 立面图

绿景·NEO（苏地2007-G-22地块）

项目类型	公共建筑
设计单位	启迪设计集团股份有限公司
建设地点	苏州市吴中区塔韵路西侧
用地面积	14592.40m²
建筑面积	81581.97m²
设计时间	2015.04—2017.03
竣工时间	2018.07
获奖信息	二等奖
设计团队	靳建华　杜晓军　朱宏程　宋　怡　陈　栋 钱　喆　黄香琳　马沈君　张　敏　宋鸿誉 章　伟　沈银良　周　珏　张　鑫　汤若飞

总平面图

设计简介

本项目是由一栋超高层塔楼和围绕塔楼的商业裙房组成。塔楼高度为150.0m，35层，包括3层裙房，低区19层办公楼和高区11层商务办公层以及中间的2层避难层。以塔楼为中心，商业采用街区围合式布局，中间形成庭院空间，商业平均高度为3层，局部4层。本项目在苏州吴中区城市规划设计前提下，在强调地标性建筑特质的同时，尽可能保持与南边双子政府办公楼的城市空间的连续性，并在建筑体量、外立面、色彩、建筑语言等方面加强之间的关联，使区域城市空间更为成熟理性，兼有生趣。

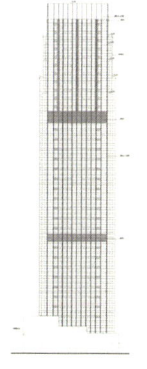
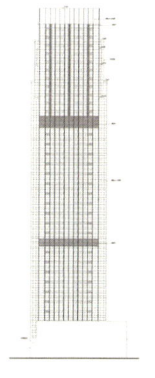

| 7-19 轴立面图 | T6-T1 轴立面图 | TF-TA 轴立面图 | TA-TF 轴立面图 |

潘祖荫故居三期修缮整治工程

项目类型	公共建筑
设计单位	启迪设计集团股份有限公司
建设地点	苏州市姑苏区平江街道
用地面积	650.00m²
建筑面积	861.00m²
设计时间	2018.03—2018.06
竣工时间	2019.06
获奖信息	二等奖
设计团队	蔡爽 吴树馨 孟庆涛 顾思港 殷茹清 朱晓蕾 钱盼 石文韬 周婧 徐佳宇 吴卫平 杨应秋 王笑颜 张广仁

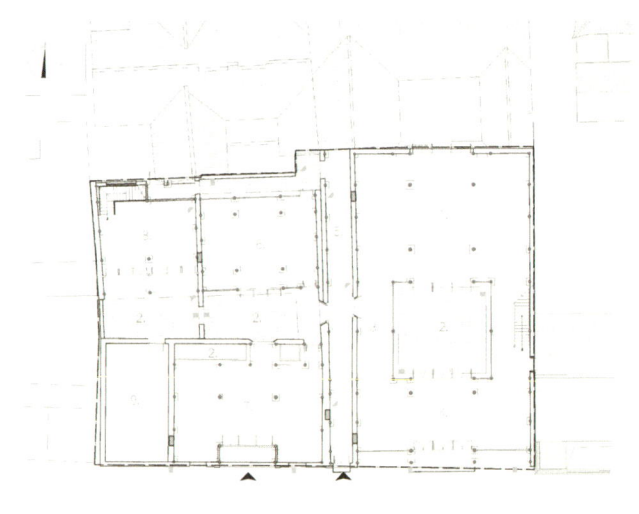

总平面图

设计简介

本项目为完善并延续故居的整体布局，最大限度地保留其历史形态及价值。修缮改造过程中协调整体功能、组织合理有序的流线，根据潘祖荫一门探花的文化特征，植入"探花书房"，承担沙龙、书吧、接待等文化活动功能，与前期已完成部分有机融合。

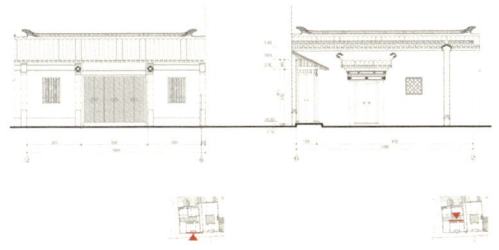
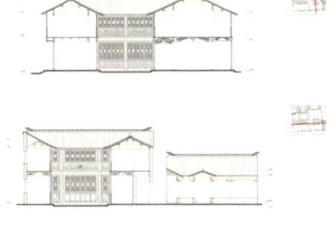
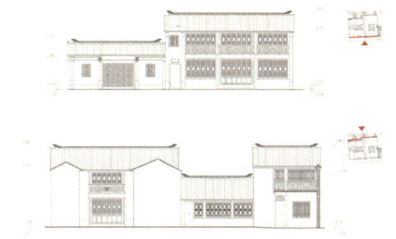

单体立面图　　　　　　剖面图　　　　　　立面图

常熟市高新区三环小学及幼儿园工程

项目类型	公共建筑
设计单位	启迪设计集团股份有限公司
建设地点	江苏省常熟市高新区
用地面积	46246.00m²
建筑面积	48293.80m²
设计时间	2016.11—2017.10
竣工时间	2020.05
获奖信息	二等奖
设计团队	查金荣　程　伟　钱　喆　李烽清　宋少颖 沈心怡　金　帆　吴　午　陈弘毅　施澄宇 王海港　马　琦　王　唯　周　珏　方　洲

总平面图

设计简介

本项目设计是一次对教育伊甸园的探索，我们希望在设计和实施的过程中，能研究和发展出可以应用在未来学校建筑上的一个新的、低成本的体系，为更多的孩子们创造出利于身心健康成长的优良环境。项目基地的总体规划在这个意义上被设想为一个现代的书香院落，开放与内敛并存，白墙灰瓦、江南的坡屋顶建筑与景观有着很好的互动。建筑所围合出的一个个院子既是重要的自然要素，又是构成基地物质与精神的财富。

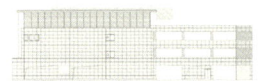
综合楼东立面图

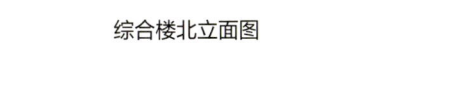
综合楼北立面图

文体楼西立面图

综合楼西立面图

综合楼南立面图

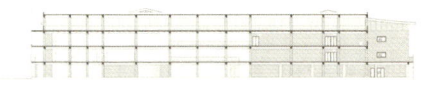
文体楼东立面图

苏州高新区马舍山酒店改扩建项目

项目类型	公共建筑
设计单位	启迪设计集团股份有限公司
	裸心酒店管理（上海）有限公司（合作）
建设地点	苏州高新区马舍山南、太湖花苑东
用地面积	32360.90m²
建筑面积	13760.07m²
设计时间	2013.10—2018.02
竣工时间	2020.05
获奖信息	二等奖
设计团队	李新胜　蔡　爽　叶凯欣　汪　泱　张　慧
	赵舒阳　凌宇翔　钱成如　成钰玥　朱唯华
	张志刚　孔　成　张道光　骆　俊　钟　晓
	庄岳忠　陆凤庆　魏守容　陈　岭　王璐丹

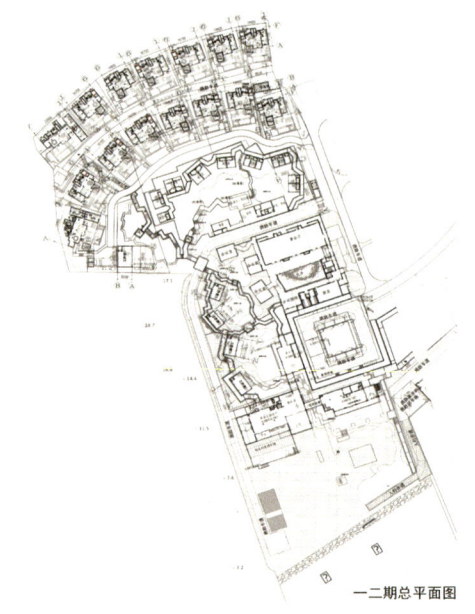

一二期总平面图　　总平面图

设计简介

项目坐落于太湖湖畔，秉持"虽由人作，宛自天开"的设计理念，营造"功能完善、亲近自然、具有地域特色、可持续发展"的顶级亲水度假酒店区。在建造过程中极大程度地保留和利用自然地形，融合当地文化的精髓，采用当地材料，用别样手法加以重新组合创新，打造一个耳目一新又充满野趣的度假休闲场所。建筑形态为散落式布局，局部公共区域为院落组团式布局，建筑和景观相互融合，移步异景，仿佛置身于园林中。

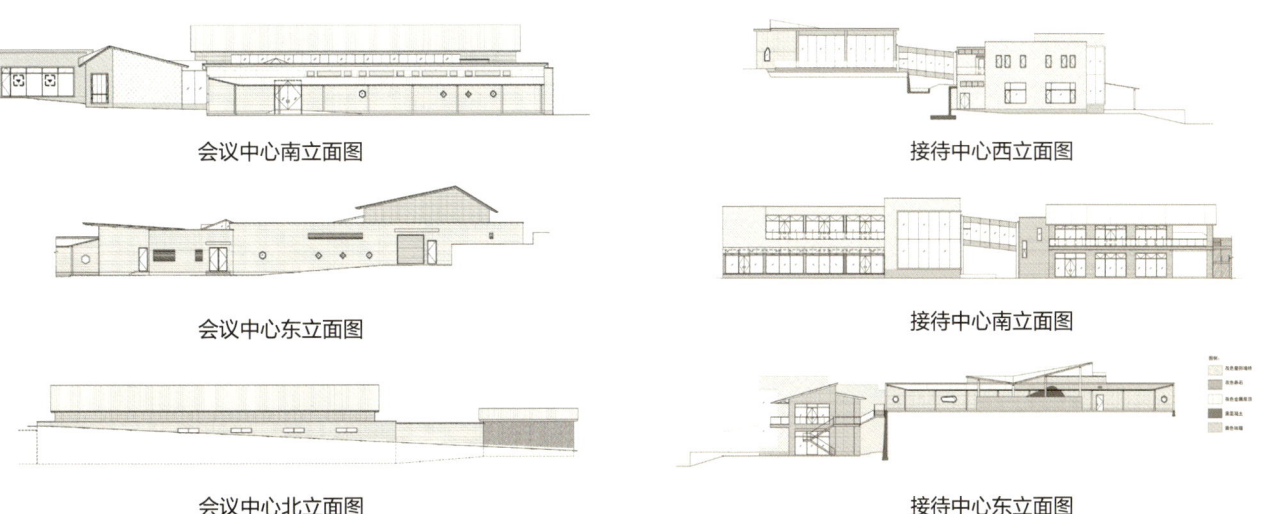

会议中心南立面图

接待中心西立面图

会议中心东立面图

接待中心南立面图

会议中心北立面图

接待中心东立面图

金桥双语实验学校扩建初中部校区项目

项目类型	公共建筑
设计单位	江苏中锐华东建筑设计研究院有限公司
建设地点	无锡经济开发区
用地面积	34835.20m²
建筑面积	41721.00m²
设计时间	2018.08—2019.03
竣工时间	2020.06
获奖信息	二等奖
设计团队	荣朝晖　冯丽伟　沈　楚　赵丹洁　卞　奕 袁　清　陈　科　丁　飞　顾方红　钱　威

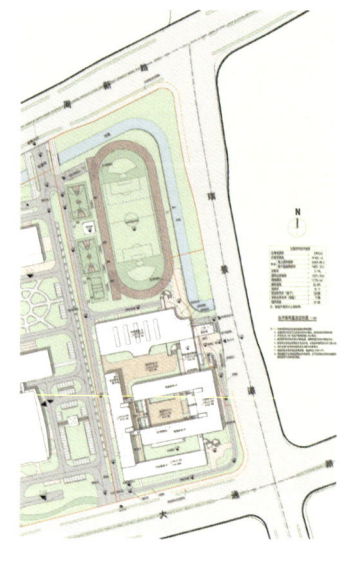

总平面图

设计简介

学校教育的核心就是诗性和理性的结合，学生既要严谨，更要有活力，而作为载体的建筑必须为这样的精神营造合适的空间氛围。在周边城市界面规定明确的前提下，在处理好外部与城市空间的关系，梳理好城市肌理的同时，创造一个充满活力、自由交流、快乐成长的内部空间是设计的指导思想，要努力创建学校特色，建设自然人文新校区。项目希望传承中国书院传统，将历史文脉延续至现代教育中，提炼全新的活动交往院落，形成多元丰富的教学空间，弥补家庭教育中社会性的不足，在适应当代都市密度的同时，营造多层立体园林般的空间体验。

东立面图

北立面图

南立面图

西立面图

澄地2018-C-23（A、B）地块
江阴南门商业街区建设项目——A地块

项目类型	公共建筑
设计单位	江苏中锐华东建筑设计研究院有限公司
	南京反几建筑设计事务所（合作）
建设地点	江阴市
用地面积	13821.94m²
建筑面积	19151.99m²
设计时间	2019.04—2019.06
竣工时间	2020.06
获奖信息	二等奖
设计团队	荣朝晖　冯 杰　薛 磊　陈玉凤　金 鑫
	唐 涛　蔡舒曼　陶 帅　刘永平　蔡文毅
	桓少鸣　王新宇　周霞萍　于 丹　苏鹏程

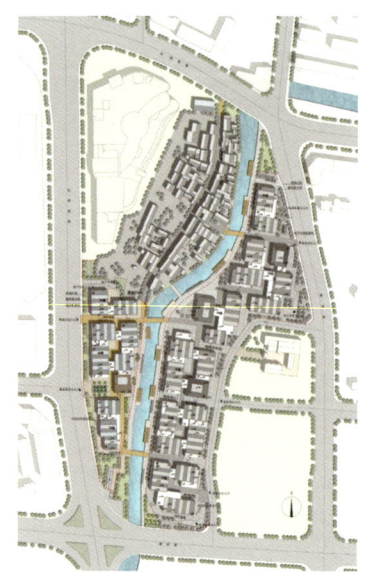

总平面图

设计简介

工程位于高楼林立的城市片区，该项目建筑高度控制在两到三层为主，打造一片怡人的低密度城市空间，缓解了高密度片区带给人的压抑感和紧张感，打造城市空间的调节器。

江南自古就是漕运之邦，该项目注重文化传承，致力于打造运河沿岸的新驿站。中东转河贯穿该项目，设计方案从南至北沿河设置了多处亲水空间，形成了怡人的景观空间。此外，该项目的商业主动线与忠义古街相连，建筑布局上将连接老忠义街的地块内部商业主动线作为项目轴心和骨架，通过河岸上的景观步行桥将整个东西地块联系成有机整体，形成理环状线路。建筑单体围绕主动线展开，建筑机理和空间形态以低密度的亲人空间为设计目标，既符合整体的一致性，又具有空间的层次感。项目以小组团围合的建筑模式出现，打破了线性空间的单调感，丰富了空间形体。新街成为老街的延续和发展，过往的岁月里古街见证了老南门的每个历史的篇章，如今的新街将继承老街的精神与文化为新南门的发展抒写新的篇章。

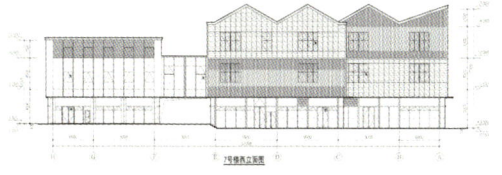

7号楼西立面图

8号楼东立面图

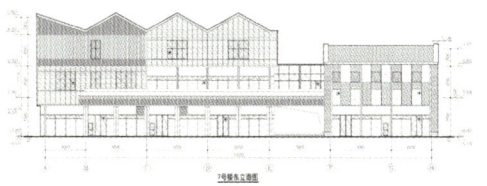

7号楼东立面图

8号楼西立面图

仁寿成都外国语学校

项目类型	公共建筑
设计单位	江苏中锐华东建筑设计研究院有限公司
	四川时代建筑设计有限公司（合作）
建设地点	四川省眉山市仁寿县
用地面积	133334.00m²
建筑面积	155818.00m²
设计时间	2018.07—2019.02
竣工时间	2019.04
获奖信息	二等奖
设计团队	荣朝晖　王雪丰　王恺成　王之昊　陈杨帆
	缪家栋　刘永平　顾方红　钱　威　张震宇

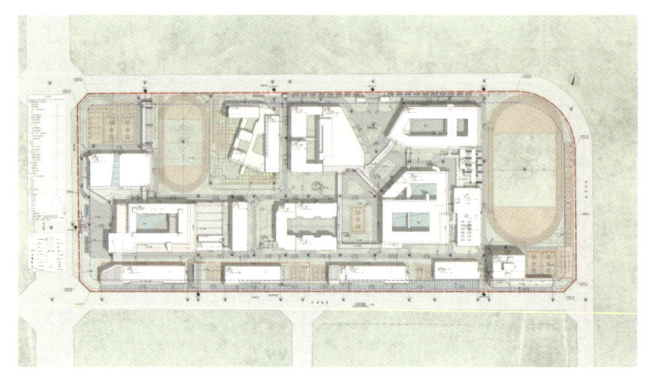

总平面图

设计简介

设计努力打造一个立体校园，通过模糊层的概念增加学生交往的可能。一所"与自然融合"的学校，意在与自然景观建立一种自由、和谐的相互关系，设计认为这是最适合学习的状态模式，而漫游的空间特征赋予了学校更多活力。整个校区以内部空间为主体，通过宜人的内部活力空间和绿色空中庭院的引入着力打造一个适合学生审美情趣的学习乐园，一所活泼开放的校园是设计的初衷。建筑外部考虑城市界面的完整性，通过强烈的体积感和虚实对比来呼应城市尺度。设计通过纯粹的手法、简洁的立面构成诠释了现代建筑的精神。色彩上以浅灰色仿石软瓷贴面为主，并配以木色装饰创造了舒适的校园空间氛围，幼儿园以白色为主，通过不同色彩的引入活跃了学校空间。

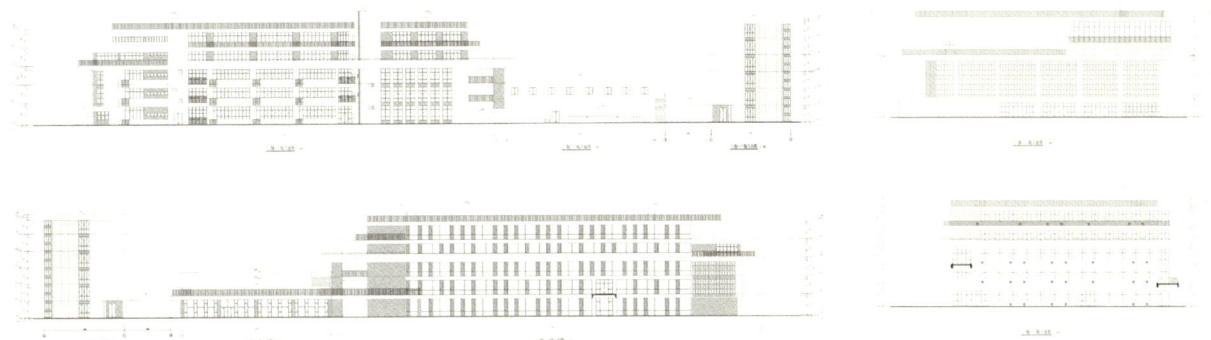

轴立面图

南京浦口区江浦街道S01地块城市综合体项目

项目类型	公共建筑
设计单位	南京城镇建筑设计咨询有限公司
建设地点	南京市浦口区总部大道以西
用地面积	14700.00m^2
建筑面积	129562.00m^2
设计时间	2016.02—2016.07
竣工时间	2019.11
获奖信息	二等奖
设计团队	肖鲁江　谢　辉　端木君杰　张金水　张林书 蒋　丽　王　健　张宗超　于洪泳　关丹桔 孙维斌　姚　军　刘　亮　孙长建　曹　倩

设计简介

建筑整体采用围合形布局，高层建筑尽量向南退让城市道路，由此形成的街角广场及景观将人流引导至地块内部，开放灵活的商业引导东西向往来人流。地块内部设置屋顶花园及下沉广场等趣味空间，力求通过综合性的业态组合、多层次的空间形态，打造功能明确、配套完善、促进交流、充满活力的区域中心。项目营造多元的服务平台，打造智慧金融园区，创造绿色健康生态园区。高层建筑沿老山一侧布局，争取最大化景观界面。

总平面图

01栋立面图

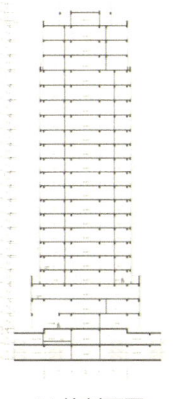

01栋剖面图

04栋北立面图

苏地2015-G-1(2)号地块项目3号、3-1号楼

项目类型　公共建筑
设计单位　苏州华造建筑设计有限公司
　　　　　上海天华建筑设计有限公司（合作）
建设地点　苏州市城北东路北侧、江坤路东
用地面积　49760.00m²
建筑面积　27463.72m²
设计时间　2017.01—2017.08
竣工时间　2019.11
获奖信息　二等奖
设计团队　张伟亮　韩　喆　金　戈　刘　琳　成　曦
　　　　　王相荣　浦　诚　罗传招　陈　龙　倪瑞源
　　　　　王　华　葛舒怀　陈金山　袁虎成　唐　琦

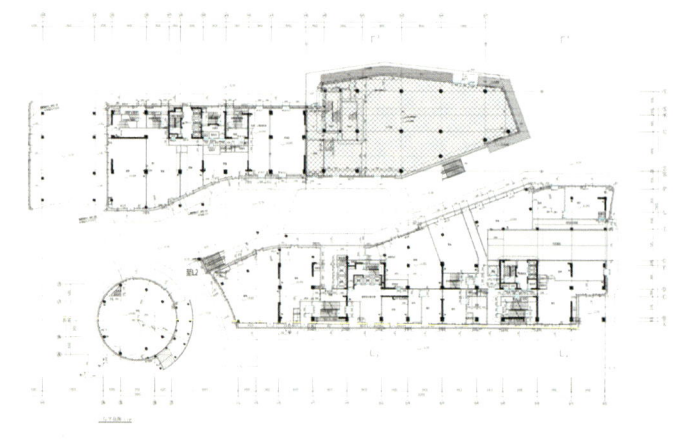

一层平面图

设计简介

设计充分尊重原有的地形地貌和自然环境，尽可能地拓展住区内部的景观环境空间，把商业空间融于自然环境之中，使之和谐共生，体现环境对于休闲生活的意义。平面规划注重形成商业建筑布局及形态上的差异性，通过密度和外形的变化创造丰富的商业空间。竖向空间形态设计力求紧密结合地形，并通过建筑高度的有机组合创造出高低起伏、错落有致的建筑群体效果。建筑单体设计力求形成丰富的商业类型和富有特点的外观造型，创造优美的建筑景观。景观设计力求紧密结合当地的气候特征，营造出层次丰富的空间景观效果，并为消费者提供人性化的户外活动空间。

北立面图

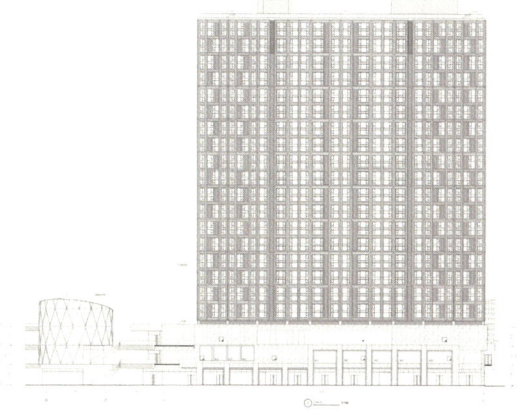

南立面图

合肥大强路睦邻中心

项目类型	公共建筑
设计单位	中衡设计集团股份有限公司
建设地点	合肥市包河区大强路与太平湖路交界处
用地面积	8835.92m²
建筑面积	10587.05m²
设计时间	2017.04—2017.12
竣工时间	2019.08
获奖信息	二等奖
设计团队	王志洪　周　磊　管春时　顾晓博　李婧姝 朱小寒　戴　冕　钟　声　叶云山　陈　徽 苏　扬　丁行舟　邓志轩　钱　昀　于　飞

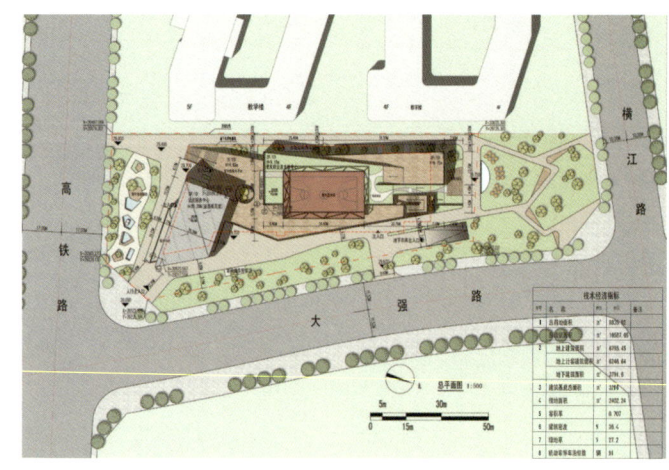

总平面图

设计简介

大强路睦邻中心的地块较为狭长，建筑展开布置。整个建筑顺应周边城市肌理划分为两部分，南侧为独立的社区公共服务中心，共有五层，北侧为沿主干道展开的文体活动中心，共有两层，两者通过二层平台相连，使得原本一分为二的建筑重新产生联系，同时也成为市民活动与交流的平台。建筑北侧设计成大斜坡，将北侧的公共绿地延伸到建筑中，增强建筑与场地的联系与互动，使其融为一体。方案通过体块的穿插交错来增强活跃度和亲民感，室外、半室外的活动空间较为丰富，模糊建筑内外边界，增强建筑空间的趣味性，提高市民的参与度。

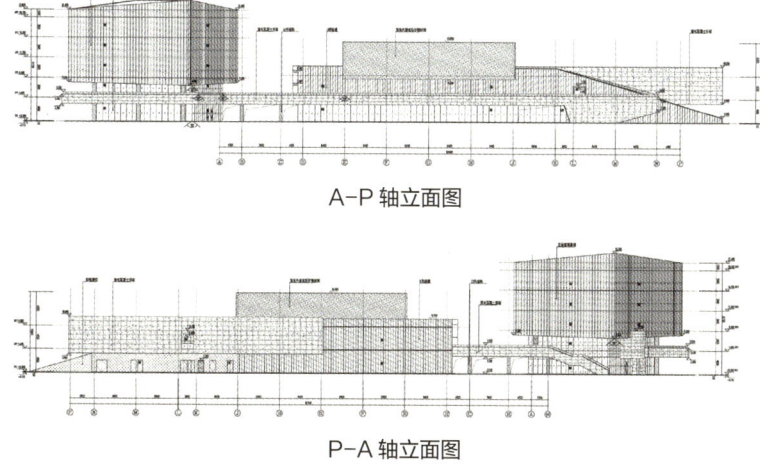
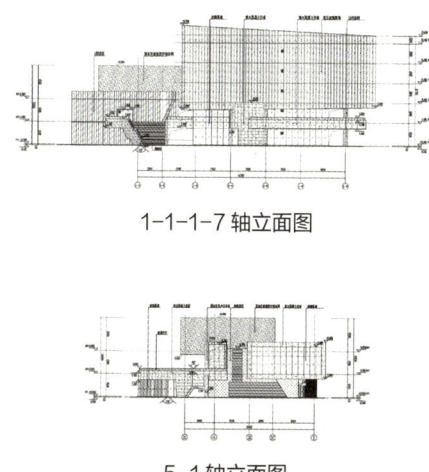

A-P 轴立面图　　　　　　　　　　1-1-1-7 轴立面图

P-A 轴立面图　　　　　　　　　　5-1 轴立面图

连云港市润潮国际

项目类型	公共建筑
设计单位	连云港市建筑设计研究院有限责任公司
建设地点	连云港市海州区海连路南，云华路西
用地面积	5623.00m²
建筑面积	30179.00m²
设计时间	2013.05—2013.08
竣工时间	2017.09
获奖信息	二等奖
设计团队	查立意 吕 劲 尚祖朕 韩中敬 张 钰 段方中 祁昌阳 李冬梅 范守婷 张 振 娄可志 刘 涛 李嘉庆 彭娇娇 王永鑫

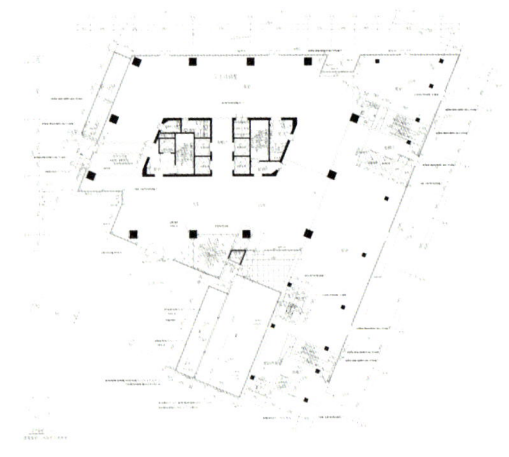

一层平面图

设计简介

立面的构思与公司的品牌密切关联，取其润潮国际的"潮"字，海水白天涨落被称为潮，它有起伏与涨落，而建筑外立面采用玻璃和金属板，玻璃的蓝色代表海水，位置起伏的铝板表示浪花。塔楼有指向性的切角用于处理塔楼在城市道路转角的关系，同时强调城市地标的概念。项目运用参数化设计的前沿技术，通过对朝向的日照分析，进行遮阳与形态的关联设计。采用断桥铝合金幕墙系统，结合低辐射玻璃的运用，增加自然采光的同时，有效地解决了围护结构隔热保温的问题。空中花园的设置营造了自然的公共空间与工作环境，再同时利用空气的热动力效应，有效解决自然通风的需求。

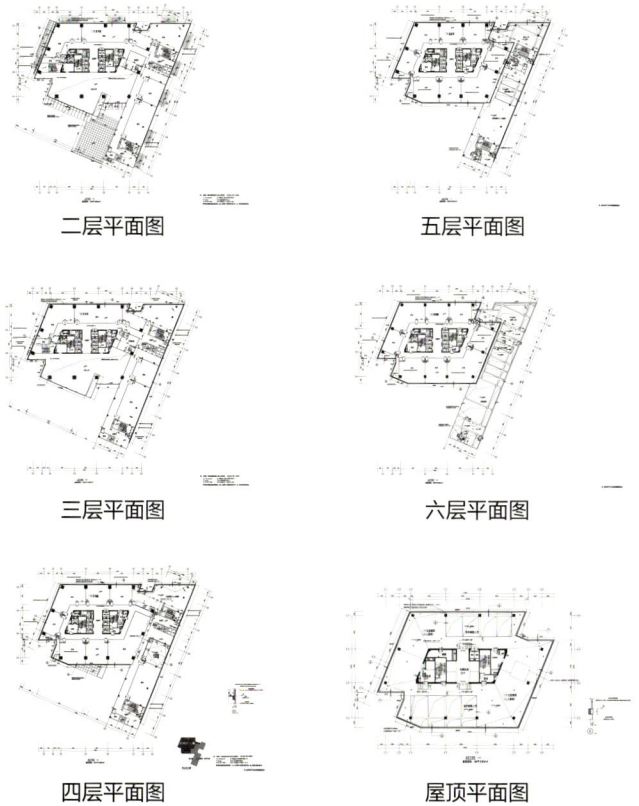

二层平面图　　五层平面图

三层平面图　　六层平面图

四层平面图　　屋顶平面图

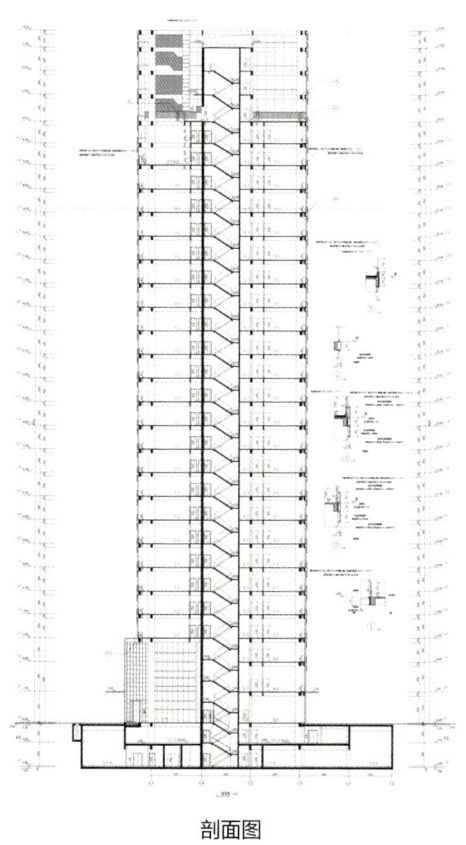

剖面图

苏州工业园区第八中学重建工程（一期）

项目类型	公共建筑
设计单位	中衡设计集团股份有限公司
建设地点	苏州工业园区车坊街道长江路18号
用地面积	70882.54m²
建筑面积	60746.59m²
设计时间	2015.07—2019.03
竣工时间	2020.06
获奖信息	二等奖
设计团队	黄琳　宋扬　胡湘明　程呈　王涛 杨昭珲　颜畅　朱小寒　戴冕　张芹 尚道东　吴东霖　夏天　王云　戚友俊

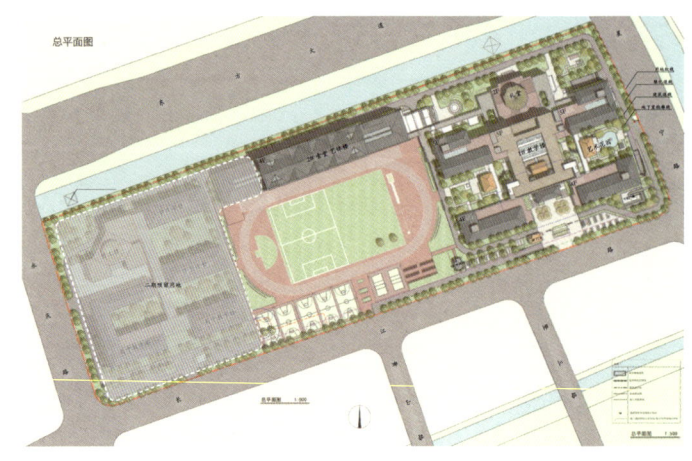

总平面图

设计简介

在空间结构设计中，引入了典型的近现代建筑空间布置形式，形成了布局工整、中轴对称的书院式格局，小学教学组团布置于左侧临近运动场，方便小学生快速到达运动区；中学组团布置于右侧临近。其次，通过不同但又相关功能体量之间的相互围合，创造出多样而又具有独特性格的空间活动场所。这一系列的节点空间围绕在少年科学院周围，形成了人文空间与科技空间的交融，也表达了八中人文与科技并重的校园文化。

教学楼南立面图

教学楼北立面图

教学楼东立面图

教学楼西立面图

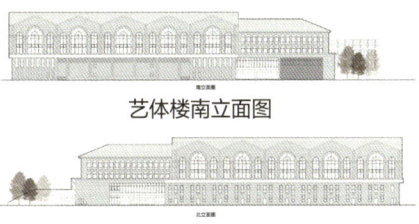

艺体楼南立面图

艺体楼北立面图

江苏·优秀建筑设计选编 2021 | 169

河北省第三届（邢台）园林博览会园博园
——园林艺术馆

项目类型	公共建筑
设计单位	苏州园林设计院有限公司
建设地点	河北省邢台市邢东新区
用地面积	160425.22m²
建筑面积	6800.46m²
设计时间	2017.10—2018.08
竣工时间	2019.08
获奖信息	二等奖
设计团队	贺风春　汪　玥　钱海峰　蒋书渊　许　婕　殷从来　郑　轶　倪　艺　周志刚　沈　挺　冯　超　于开风

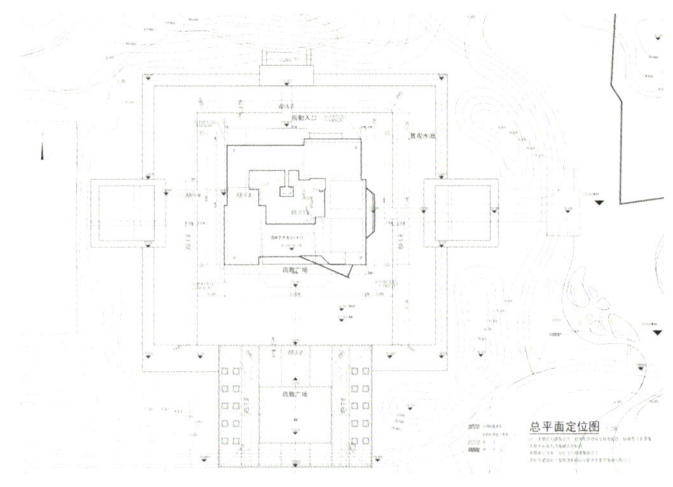

总平面图

设计简介

园林艺术馆建筑形象源自于邢台的园林艺术——形如台，外为城，内围园。建筑设计将园林艺术馆外形设计为"台"，四面围合为"井"，其构成"井构之台"呼应了"邢""台"二字。建筑外形为四方，其形如台，内部围合，嵌入园林，展现了"外为城，内围园"的构思立意。 环状实体空间为建筑展示空间，形成了环状的展示游线，以"中国园林文化传承与创新"为主题形成了印象、探源、溯游、忆古、追今五大展陈篇章，全方位多元化地展示中国园林文化精髓。中部园林空间以"壶中天地"为景观主题设置一系列实体园林展示空间，与环形室内展示流线相互穿插，内外交融。庭院内展示雨水净化过程，传统园林与现代科技在这里相互碰撞，展示新时代的园林发展。

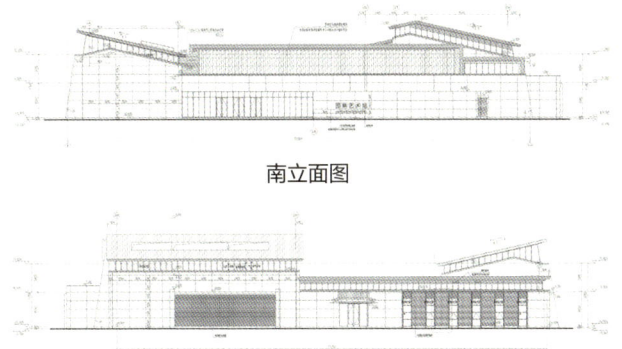

南立面图

东立面图

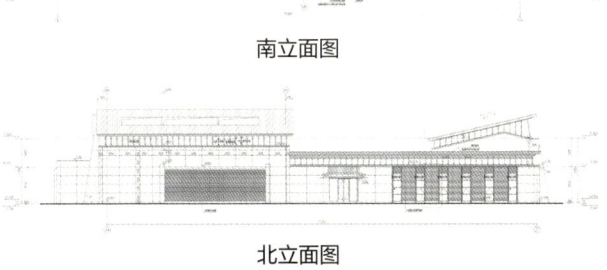

北立面图

西立面图

扩建数控平面激光切割机数控折弯机项目

项目类型	公共建筑
设计单位	中衡设计集团股份有限公司
建设地点	江苏省太仓市南京东路68号
用地面积	78001.09m²
建筑面积	32534.75m²
设计时间	2017.11—2018.04
竣工时间	2019.04
获奖信息	二等奖
设计团队	刘 恬　赵海峰　路江龙　沈晓明　朱松松 丁 炯　薛学斌　付卫东　杨俊晨　冯 卫 王文学　吴东霖　李 申　潘霄峰　许佳瑜

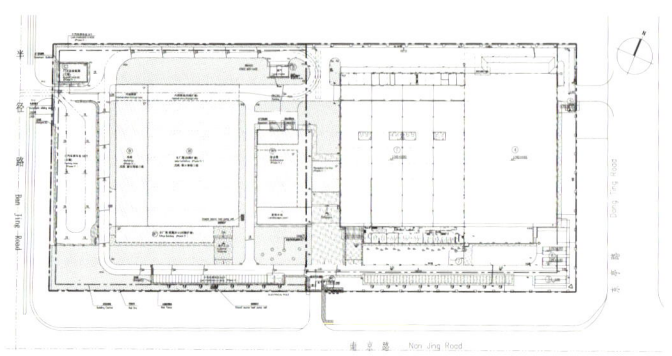

总平面图

设计简介

新建单体在尊重原有基调的基础上，从建筑的界面与细部设计层面上，针对特殊的厂区文化语境，试图以纯粹单一的材料"铝"（包括铝板及铝制梭形百叶）来建构整个建筑与环境。随着光照强度自动调节转动的百叶，使得外部空间景象得到展开延续，为场所注入了一定的趣味变化。在夜间室内外照明效果之下，垂直的旋转百叶给人留下深刻的印象。对成品穿孔百叶透光率的精准控制，有效提升了室内，特别是宽敞的餐厅区域的光环境。带有纵向条状元素的玻璃立面和纯粹的铝板嵌入建筑，丰富多变的立面肌理适应并配合了厂区中存在的多元化尺度。

| 南立面图 | 北立面图 |

| 南立面图（带电动遮阳） | 西立面图 |

铜仁·苏州大厦

项目类型	公共建筑
设计单位	中衡设计集团股份有限公司
建设地点	贵州省铜仁市万山区
用地面积	8034.00m²
建筑面积	24469.00m²
设计时间	2019.09—2020.03
竣工时间	2020.06
获奖信息	二等奖
设计团队	黄琳　王恒　宋扬　丁作舟　黄辉 郑郁郁　刘思尧　孙杰　李辛宇　李鑫 张芹　张健　赵建忠　李金琳　王艺

总平面图

设计简介

建筑依山而建，根据现有山体及场地平整后的标高情况，合理考虑土方量的控制，将酒店大堂设置于山坡处，市政标高至大堂层之间设置两层地库用于停车、后勤及设备存放。方案将整体环境通盘考虑，采用散点布局，在酒店周边的山地关键点布置苏式景点，打造优质的步行系统，提升酒店配套。在酒店裙房部分，采用设计构成方式，打造自由流动之平面，与周围环境、地形充分契合。入口景观设计采用当地石材做成的石笼墙，沿着酒店盘山路，层层置于山坡上，以山居石村的形式展现出酒店的仪式感，一路迎接，一路道别。

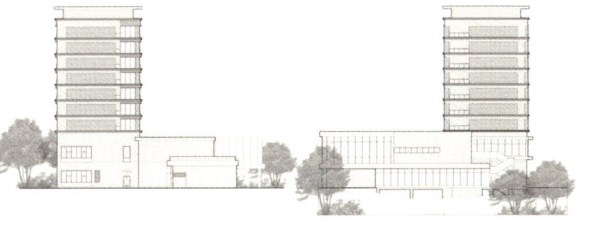
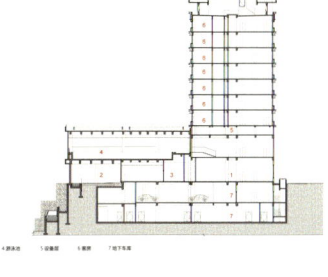

南立面图　　　　　　　东立面图　　　　　　　西立面图　　　　　　　剖面图

中国—马来西亚钦州产业园区职业教育实训基地项目（一期）

项目类型　公共建筑
设计单位　中衡设计集团股份有限公司
建设地点　中国—马来西亚钦州产业园区
用地面积　54211.00m²
建筑面积　106600.00m²
设计时间　2016.05—2017.01
竣工时间　2020.06
获奖信息　二等奖
设计团队　黄　琳　冯正功　陆学君　高　黎　宋　扬
　　　　　　赵海峰　徐轶群　葛松筠　谈丽华　傅根洲
　　　　　　殷吉彦　徐　光　尤凌兵　陈晓清　张　峰

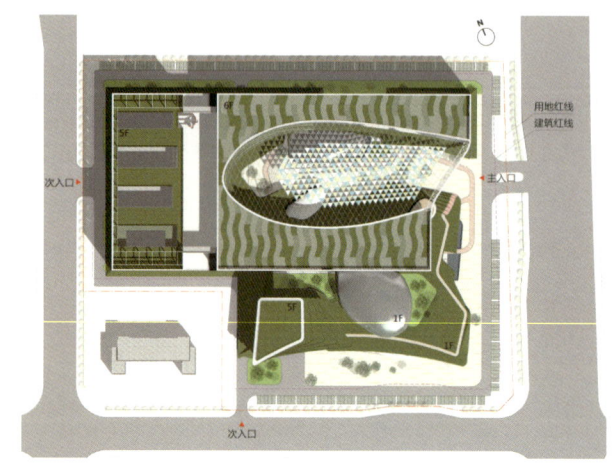

总平面图

设计简介

项目希望打造一个跨界综合体和体验式孵化基地。其中部设计有一个椭圆形花园，层层退叠的景观之下是各类社交、体验及创业的教育培训平台，希望把这样一个年轻活力的环境带入城市社区。项目提出"生态海立方"的设计理念，包含了"自然界的生态"和"人文文化的生态"双重意味。设计提取海洋的意向，将其剪裁装入方盒中，海洋中的鱼类、礁石、贝类、珊瑚都抽象成方盒中的空间载体，成为整个实训基地的灵魂。海洋作为自然形态，刺激着人们对未知世界的探求和渴望，同时，方盒子的方形也体现了中国文化中最为基本的社会生活准则，作为实训基地人才培养与教育平台的统一和整合。

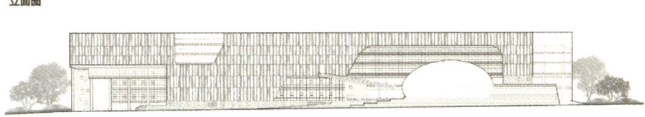

南立面图

北立面图

东立面图

西立面图

苏州工业园区钟南街幼儿园

项目类型	公共建筑
设计单位	苏州九城都市建筑设计有限公司
建设地点	苏州工业园区
用地面积	7717.00m²
建筑面积	5913.00m²
设计时间	2016.07—2018.10
竣工时间	2020.04
获奖信息	二等奖
设计团队	于 雷　高 文　孔 亮　王 帅　沈春华 张晓斌　邵 杰　钟建敏　刘兰珣　裴 君 王 俊　仲文彬　王 敏　胡 鑫　梁瑜萌

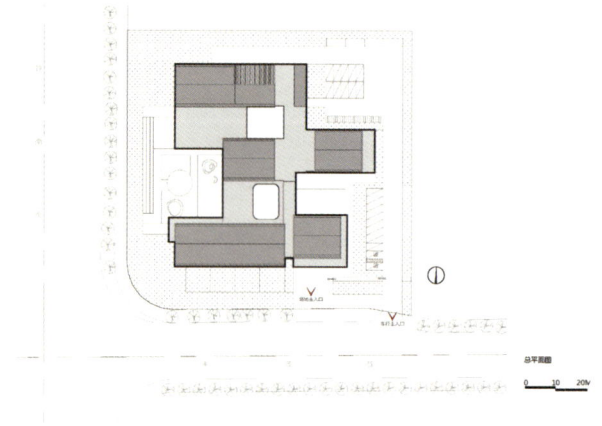

总平面图

设计简介

庭院的营造需要建筑单元的围合，设计顺应场地形状，将建筑群的平面布局规划成"m"形。设计将重心放在位于二层与三层的两进院落空间——三面建筑环抱的半包围式活动平台，绝大多数班级的活动场地设置在此，教室分三列布置，可以共享庭院空间，室外楼梯使得三层的孩子也可以最快地加入到庭院活动当中，两进院落之间也通过室外楼梯相连，给了孩子们一个交流、探索的平台。除此之外，还在这两进院落之中设置了若干小型传统的全围合式庭院来营造节点的趣味性，满足底层空间采光通风要求的同时也丰富了空间层次，结合绿色植被的种植，给孩子们提供了一个可以触摸自然的场所。

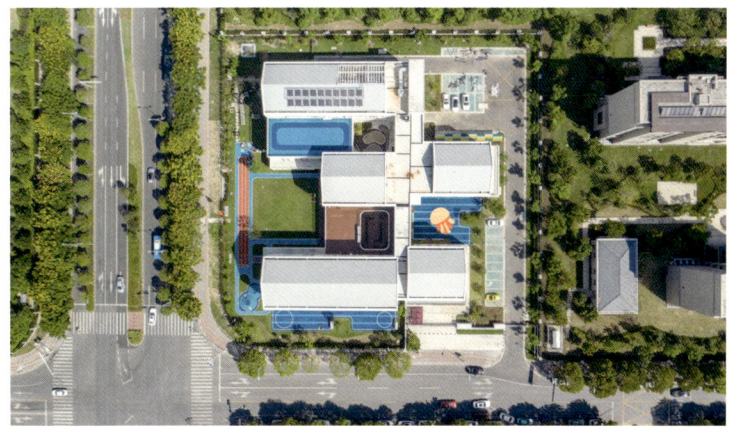

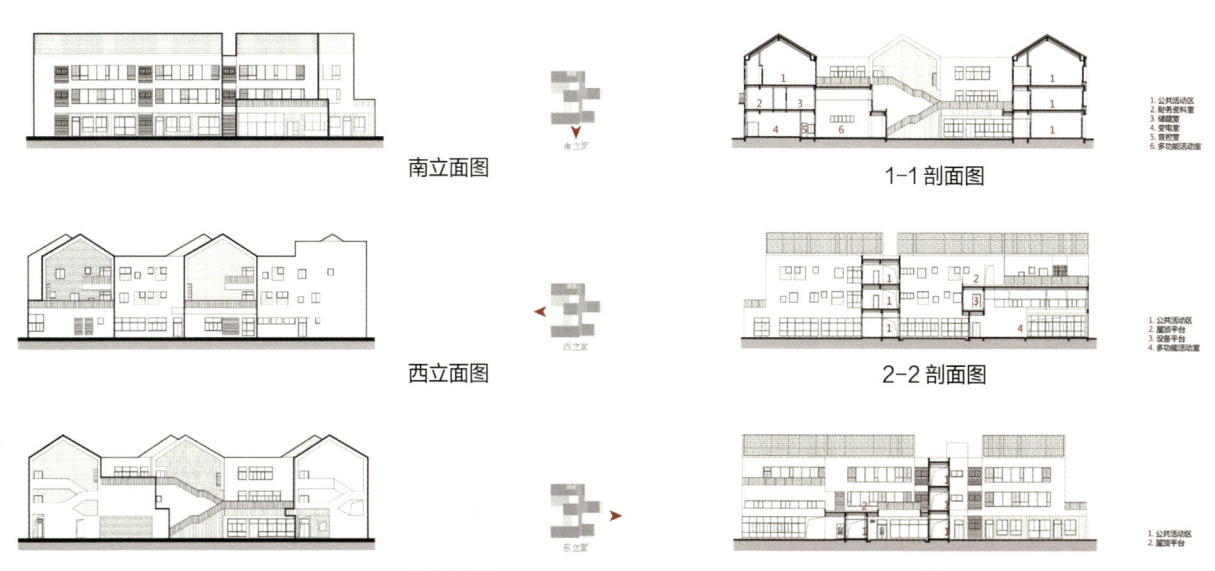

南立面图　　　　　　　　　　　1-1 剖面图

西立面图　　　　　　　　　　　2-2 剖面图

东立面图　　　　　　　　　　　3-3 剖面图

上虞区城北68-2地块邻里中心项目

项目类型　公共建筑
设计单位　苏州九城都市建筑设计有限公司
建设地点　上虞城北新区
用地面积　26075.30m²
建筑面积　28341.17m²
设计时间　2018.03—2018.07
竣工时间　2019.09
获奖信息　二等奖
设计团队　于　雷　肖　凡　王　展　缪隽琰　唐　丽
　　　　　邵　杰　王永杰　裴　君　王　俊　陈　杰
　　　　　张　琦　仲文彬　李琦波　梁瑜萌　薛　青

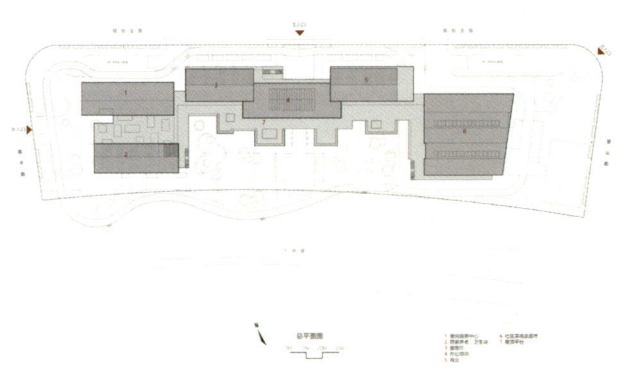

总平面图

设计简介

以小体量建筑群体呈"U"字形的半包围结构环抱南侧大片公共活动场地，根据建筑的布局和轴线柱网关系设置硬质铺地及景观空间，活动空间与建筑功能相互交错，使场地和建筑的关系有序且统一。南侧红线外通过景观堆坡设置集中绿地，缓冲城市快速路对场地的影响，同时以高差的变化形成沿街的景观序列感，也是活动场地内的景观背景，几处开口使建筑在绿茵后若隐若现，丰富观感。设计期望通过建筑和景观的一体化思考，以丰富多样的功能配置引入人流，为周边居民带来便捷、富有活力的生活中心，使其享受一站式生活服务。

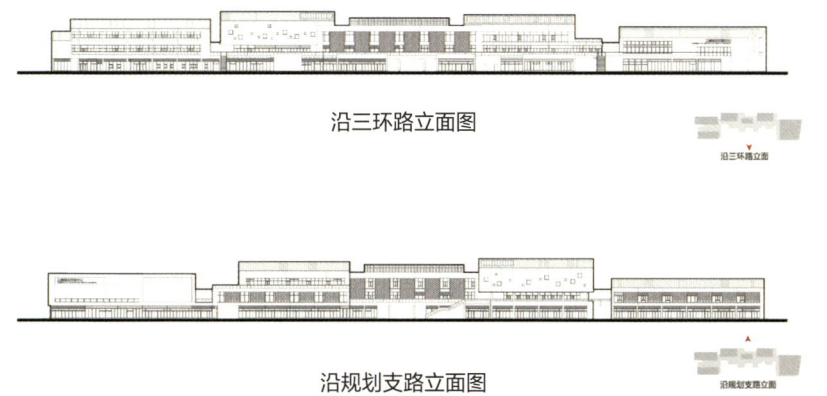
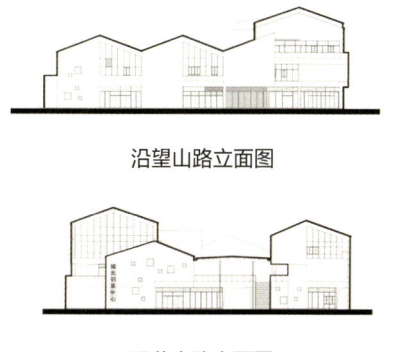

沿三环路立面图

沿望山路立面图

沿规划支路立面图

沿蒋丰路立面图

产品测试二

项目类型	公共建筑
设计单位	东南大学建筑设计研究院有限公司
建设地点	南京市江宁区诚信大道19号
用地面积	31486.05m²
建筑面积	68574.52m²
设计时间	2017.04—2017.08
竣工时间	2020.03
获奖信息	二等奖
设计团队	钱 锋 孙承磊 刘 珏 王 琪 朱筱俊 狄蓉蓉 赵 元 马志虎 龚德建 闫 凌 钱 锋 范大勇 张 磊 刘洁莹 史旭辉

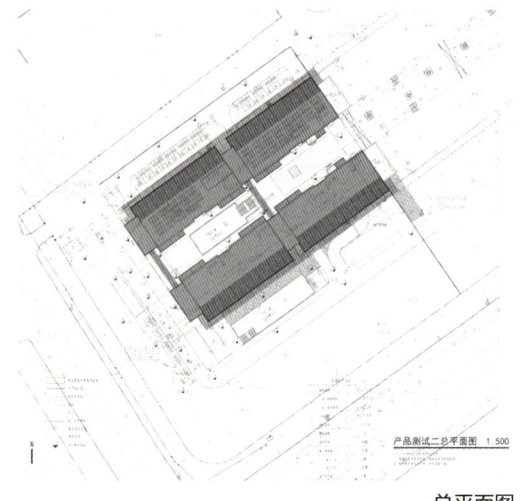

总平面图

设计简介

以"田"字形布局模式进行总平面设计,以主体使用功能体块和交通及其他附属功能体块的组合关系作为建筑体量组合的依据。南北建筑间通过横向的庭院来组织采光通风和场地内部景观,从而形成建筑内部的东西向贯穿的景观和空间轴线,将内部视线导向外部优越的自然景观,同时也将外部有利的自然条件引入建筑和场地内部。各栋建筑并列平行布置,建筑高度相同,强调共性韵律,保持相互之间的统一性,也呼应了建筑的使用功能和不同平行部门间的实际使用需要。连续的建筑立面也为周边道路形成良好城市界面和建筑形象,是理性和秩序的表达。

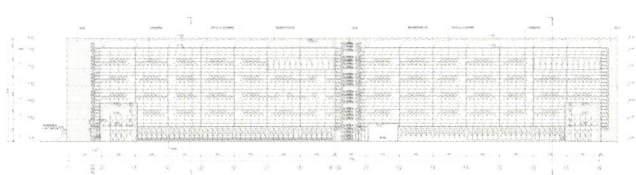
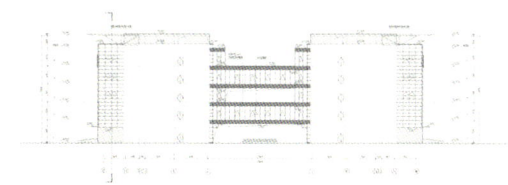

南立面图　　　　　　　　　　　　　　　　　　　　东立面图

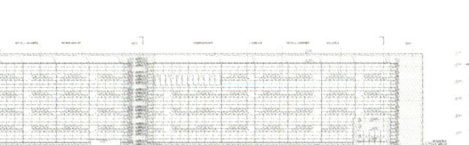
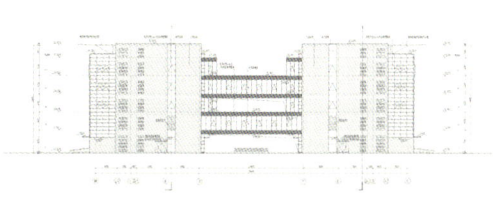

北立面图　　　　　　　　　　　　　　　　　　　　西立面图

苏州科技城生物医学技术发展有限公司医疗器械产业园

项目类型	公共建筑
设计单位	苏州建设（集团）规划建筑设计院有限责任公司
	苏州规划设计研究院股份有限公司（合作）
	上海优联加建筑规划设计有限公司（合作）
建设地点	苏州科技城
用地面积	95158.60m²
建筑面积	275377.33m²
设计时间	2017.06—2017.11
竣工时间	2019.10
获奖信息	二等奖
设计团队	文　威　张　沁　高　蓓　王亚一　王方炜
	潘　吉　王　莹　葛未名　吴照华　冯有凤
	花　征　毛震文　江建康　朱建伟　于志刚
	范　彬　郝晓棠　杨明国　李冬磊　佟宏超

总平面图

设计简介

项目充分考虑了地块与城市的对话、建筑与场地的契合，设计试图打破传统高层办公与生产厂房的固有形象，从而创造出适于城市内的展示型研发厂区新理念，本设计中建筑功能分三类：高层办公、生产厂房和服务配套，用不同等级的道路及广场有机地进行功能划分，高层办公毗邻天然河道，北侧河道使建筑拥有极佳的景观资源。

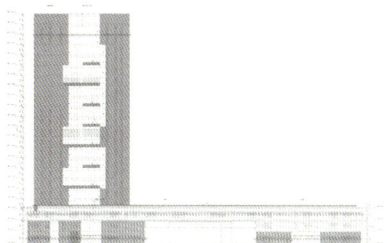

1号轴立面图

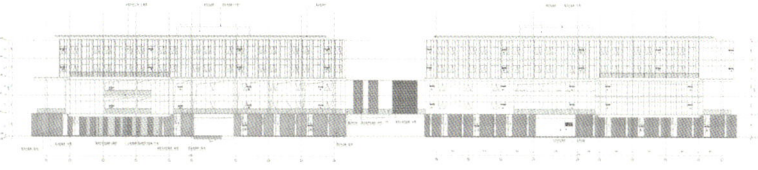

2号立面图

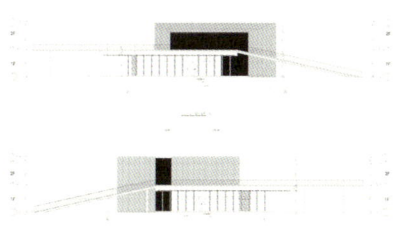

10号轴立面图

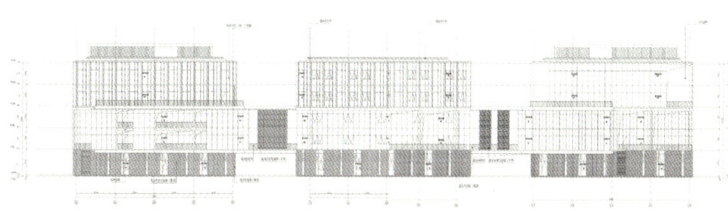

3号立面图

孔雀城九期——华夏ACE嘉善国际幼儿园

项目类型	公共建筑
设计单位	江苏筑森建筑设计有限公司
	北京和立实践建筑设计咨询有限公司（合作）
建设地点	浙江省嘉兴市嘉善县罗星街道
用地面积	12735.00m²
建筑面积	9830.80m²
设计时间	2016.05—2017.07
竣工时间	2018.10
获奖信息	二等奖
设计团队	邹旦妮　周　魁　刘冠男　建慧城　李丙坤
	钱余勇　耿　倖　徐秋玉　汤伊臣　王建军
	朱锡兰　钱　峰

总平面图

设计简介

"微缩世界"——幼儿园是一个微缩的世界，在这个"迷你"社会里，有私密的教室单元，也有公共的连廊、门厅、活动室和操场。"大而化小"——24班的幼儿园体量较大，层数较多，容易使幼儿产生压迫感和无力感。设计将24班分成若干个小房子，这样孩子感知的体量感被化解成小的组团，通过庭院，平台等小的空间，给孩子以更高的安全感和领域感。"与自然共生"——大自然是最好的老师。在幼年的成长环境中让孩子能够充分接触自然、感知自然，有利于孩子的身心平衡发展。

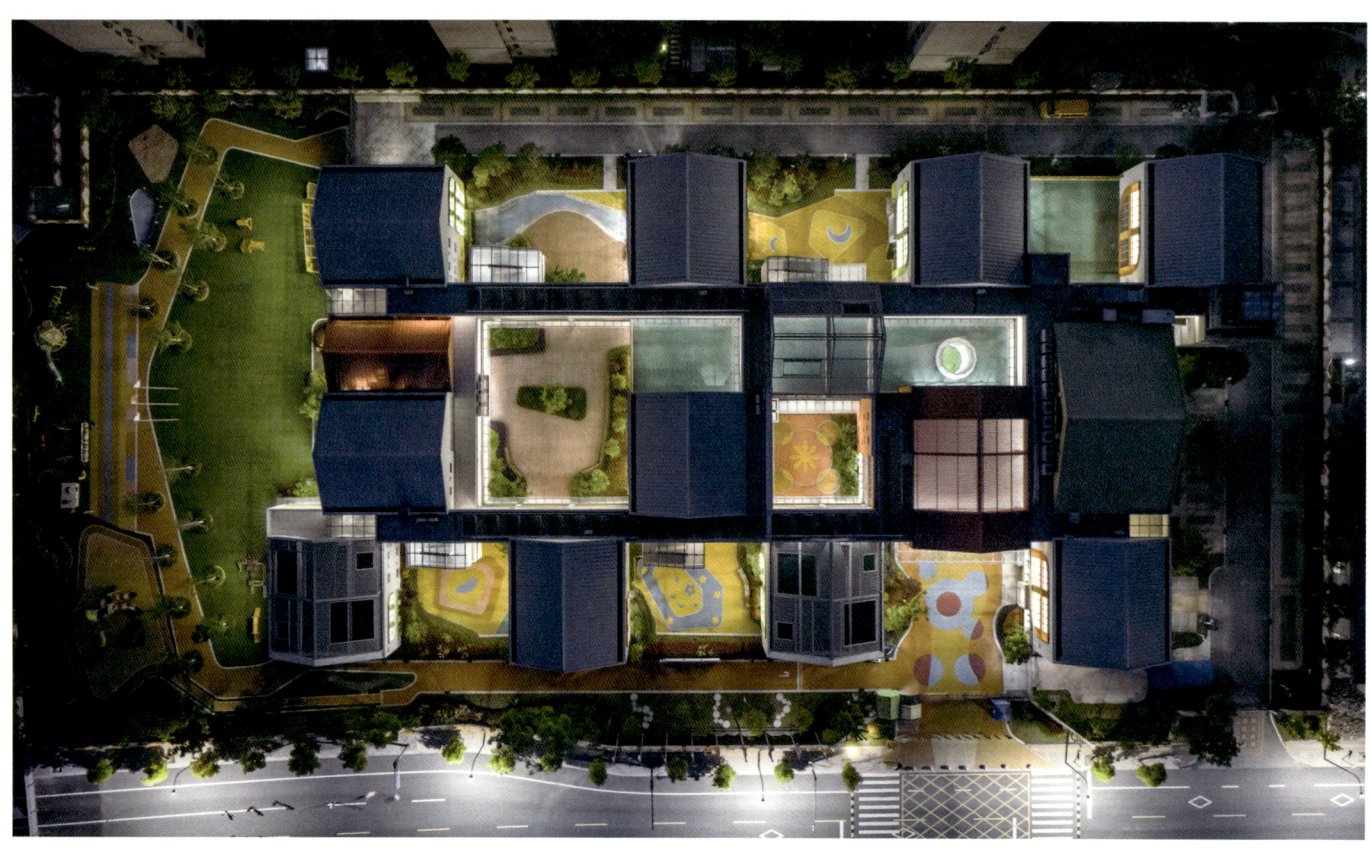

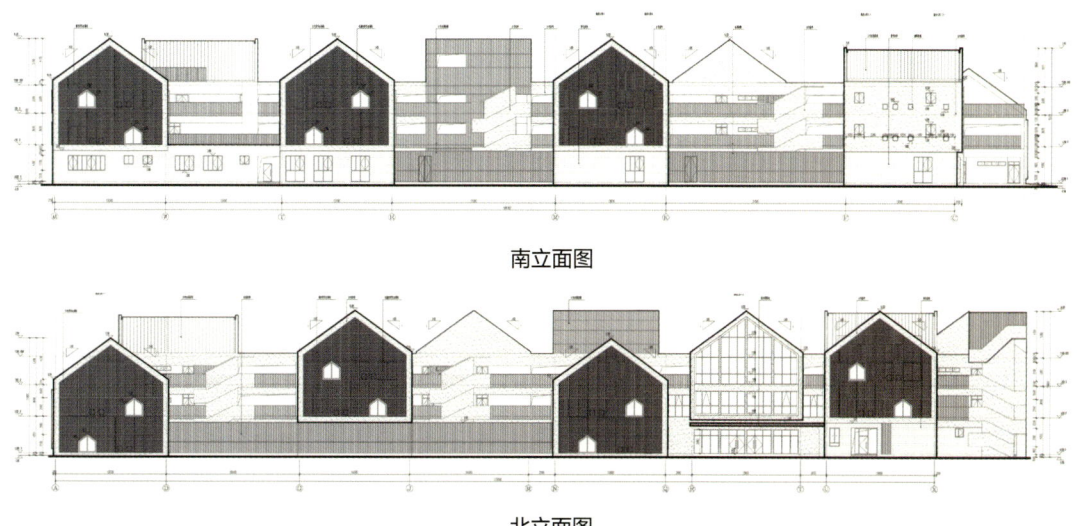

南立面图

北立面图

中国江苏白马农业会展中心

项目类型	公共建筑
设计单位	南京长江都市建筑设计股份有限公司
建设地点	江苏省南京市溧水区白马镇
用地面积	45355.28m²
建筑面积	44956.36m²
设计时间	2019.04—2019.08
竣工时间	2020.04
获奖信息	二等奖
设计团队	王 畅　江 韩　毛浩浩　王 亮　刘 辉 刘大伟　李蒙正　张金鑫　黄长荣　祝 捷 芮 铖　吴晓天　向 雷　陆 蕾　郑 添

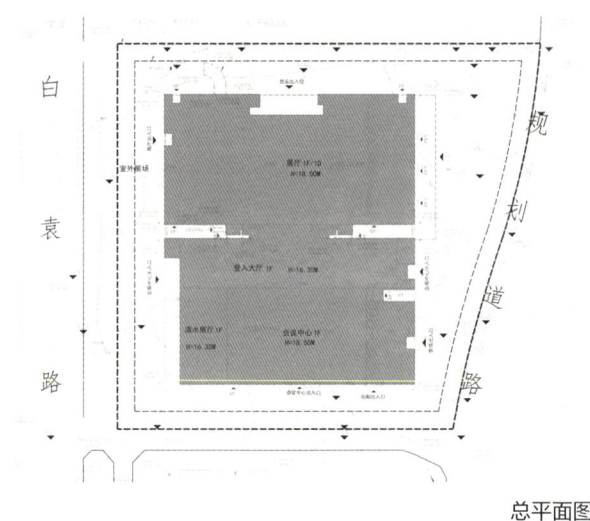

总平面图

设计简介

项目由10000m²的展示中心、3400m²的会议中心及辅助配套功能组成，其中，展示中心和会议中心为无柱大空间。展示中心采用标准展位设计，地面布置设备管沟，可以满足多种类型展览的使用需求。项目主要采用快速建造模式，包括平面柱网模数化、立面划分模数化、装配式建筑结构技术体系和建筑构造快速安装体系四个方面。具体设计过程中，平面根据标准展位尺寸采用了9m跨的标准柱网，立面采用了模数化的竖明横隐玻璃幕墙，楼梯和楼板均为钢结构预制装配，解决了项目周期紧、施工进度慢的问题，同时有效地降低了建设成本。

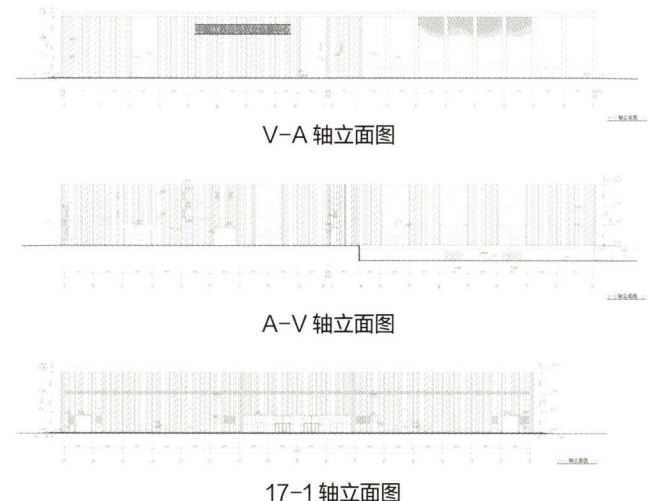

V-A 轴立面图

A-V 轴立面图

17-1 轴立面图

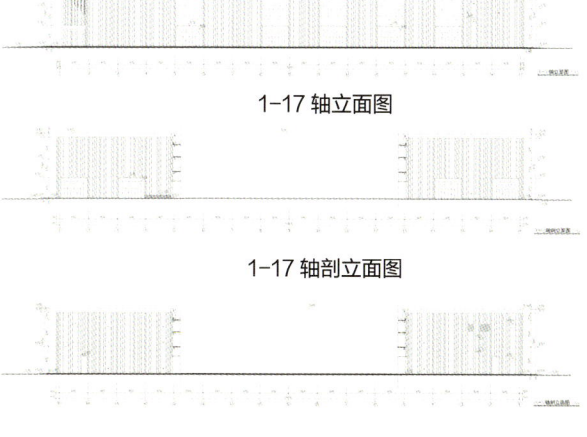

1-17 轴立面图

1-17 轴剖立面图

17-1 轴剖立面图

南京外国语学校仙林分校燕子矶校区

项目类型	公共建筑
设计单位	东南大学建筑设计研究院有限公司
建设地点	江苏省南京市神农路
用地面积	65431.89m²
建筑面积	112797.90m²
设计时间	2015.04—2017.01
竣工时间	2019.08
获奖信息	二等奖
设计团队	韩冬青　高崧　蔡芸　孙菲　董亦楠 孙逊　张翀　贺海涛　丁惠明　李艳丽 臧胜　凌洁　王若莹　张丽莉

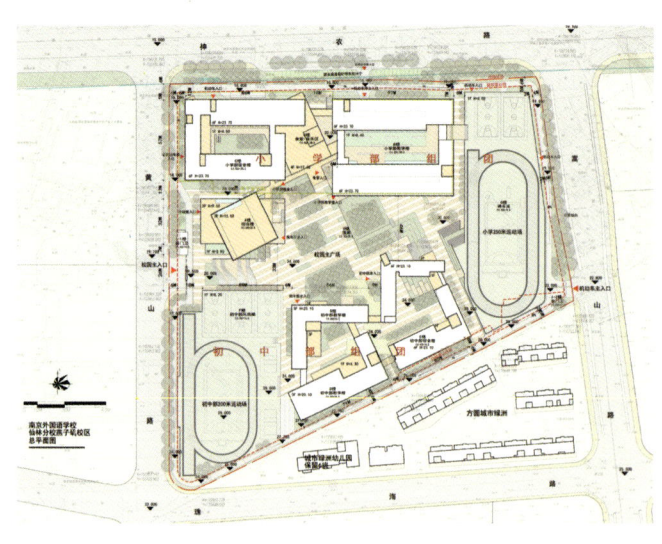

总平面图

设计简介

建筑和场地布局结合地形落差，采用立体化、互嵌式的形体空间组织策略，在土方平衡的同时，保留了丘陵地貌特色，并通过中心广场和动线组织实现了各区域的便捷联系。适应开放式教学模式改革，结合教学楼交通廊道，拓展室内课外交流活动的场所，并形成教室空间小组式课桌布置模式。探索了适应夏热冬冷气候特征的绿色校园设计新方法，小学部和中学部的两个风雨操场均结合地形高差，创新形成开敞式消隐形体的空间设计，为校园赢得了更多的室外活动场地。建筑形式在传承南京外国语学校历史文脉的基础上，加强了绿色性能，并展现新时代精神。

B-C栋南立面图

B-C栋北立面图

D-E栋南立面图

D-E栋北立面图

南京青奥体育公园室内田径馆、游泳馆

项目类型	公共建筑
设计单位	东南大学建筑设计研究院有限公司
建设地点	江苏省南京市
用地面积	43000.00m²
建筑面积	17000.00m²
设计时间	2017.04—2018.04
竣工时间	2019.10
获奖信息	二等奖
设计团队	钱晶　王琪　刘珏　钱锋　朱筱俊 马志虎　龚德建　罗振宁　杨春宁　方洋 顾奇峰　汪蓉　周泉　刘洁莹　陈丽芳

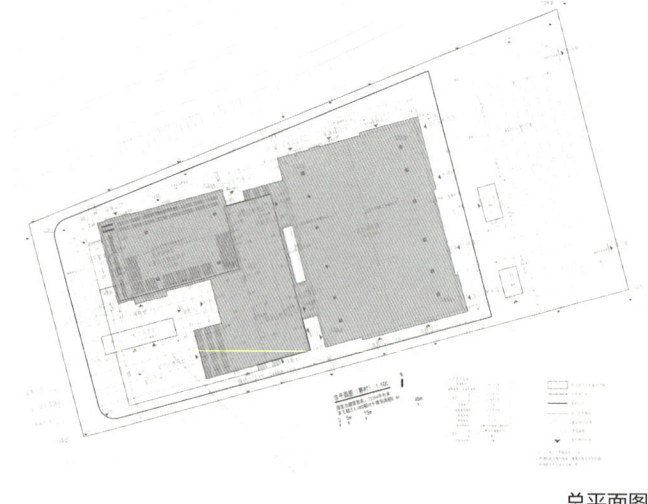

总平面图

设计简介

场馆的设计灵感由"魔方"的概念而来,"南京魔方"在赛时是各国运动员争创佳绩的"魔力场所",在赛后又是能根据不同需求转变功能的多功能场馆。场馆的造型、材质、色彩都围绕这一概念而来:"南京魔方"是一个相聚、交流和创新的场所。(1) 开放:建筑在布局时尽可能占用南北宽度而在东西两侧对周边环境形成退让,其中西侧退让道路形成人流集散的广场与二层室外平台通过大台阶相联系,形成立体的共享和集散空间。(2) 融合:两馆设计充分顺应青奥体育公园的整体设计理念,体现体育竞技类建筑的特点,建筑整体造型设计简洁流畅,色彩鲜明,外立面的窗洞通过富有流动感和张力的变化,抽象表达了青奥主题的"波浪""潮涌"概念。(3) 绿色:引入多重绿色生态技术,利用太阳能等可再生能源,尽量减少由于能源生产及消耗所产生的水污染及土地污染,从而提高建筑节能效率。

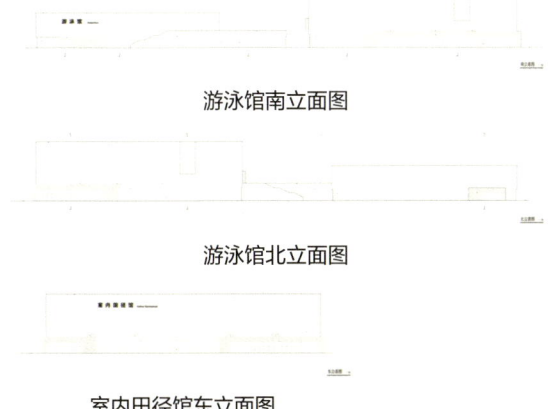

游泳馆南立面图

游泳馆北立面图

室内田径馆东立面图

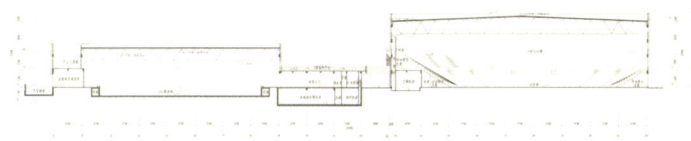

剖面1-1（赛时）

剖面2-2（赛时）

江北新区2018G04地块项目（B地块）

项目类型	公共建筑
设计单位	南京长江都市建筑设计股份有限公司
建设地点	江苏省南京市江北新区
用地面积	57061.30m²
建筑面积	56465.22m²
设计时间	2018.12—2019.04
竣工时间	2019.05
获奖信息	二等奖
设计团队	姜　辉　蒋　澍　袁　辛　张义刚　储国成 陈耀宗　武　锐　杨亚飞　李　涛　尹　磊 罗　旭　张　勇　丁环环　李金鑫　汪　凯

总平面图

设计简介

校园的全部生活提炼融合为三个综合体：教学综合体、生活中心、体育中心。三个综合体采用三叶草的造型，以流畅、圆润的线条，形成舒展的形体与空间。流畅现代的立面造型保证了沿街立面的统一性，从各个方位均可呼应城市肌理。裙房像伸向大地的叶片，屋顶绿化将地面景观向空中延伸，取得与自然的美妙和谐。校园内部穿插庭院，形成各类自由的非正式学习场所。在二层设计自由廊道将三个综合体无缝对接为一体化校园。

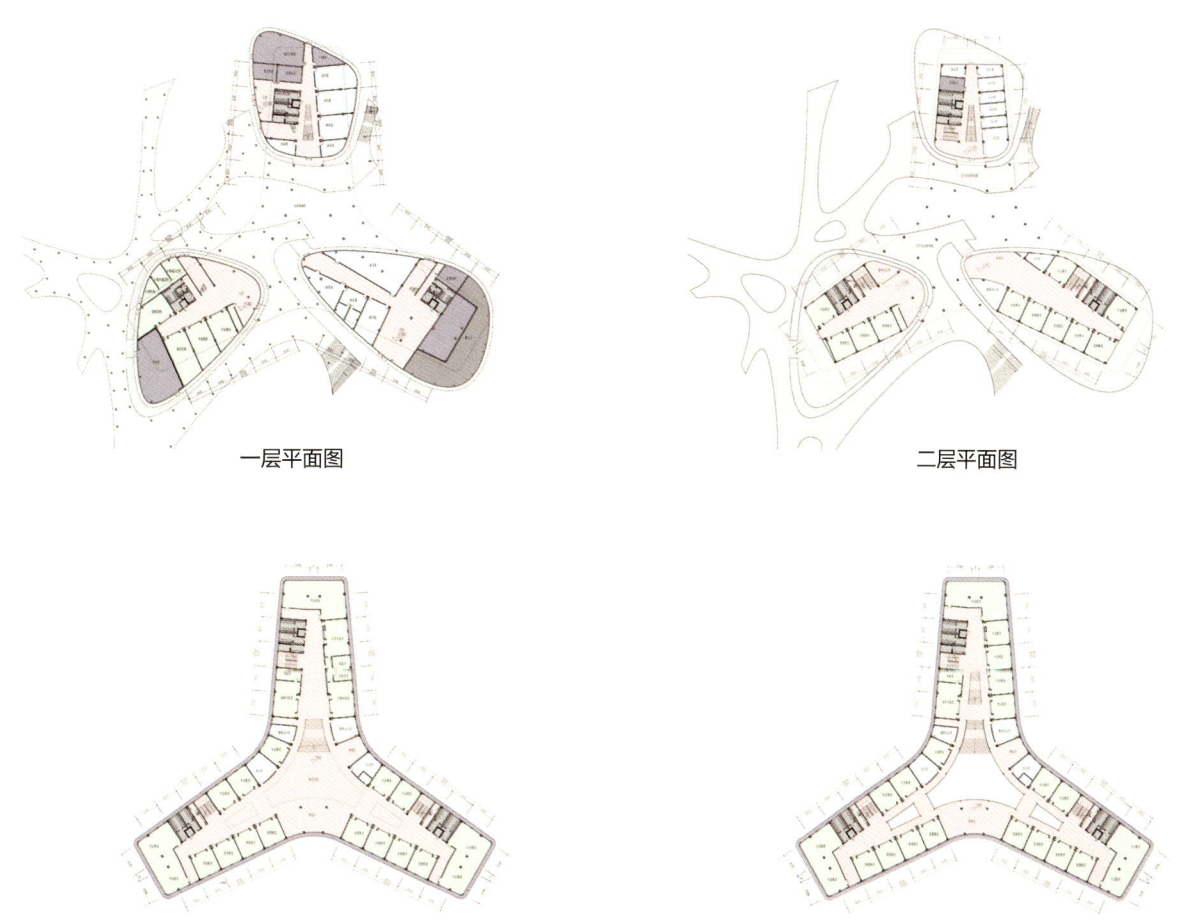

一层平面图　　　　　　　　　二层平面图

三层平面图　　　　　　　　　四层平面图

苏地2016-WG-62号地块一期B区项目20号地块

项目类型	公共建筑
设计单位	江苏筑森建筑设计有限公司
建设地点	江苏省苏州市相城区
用地面积	12941.00m²
建筑面积	73825.34m²
设计时间	2017.02—2017.09
竣工时间	2019.11
获奖信息	二等奖
设计团队	张 旭 施 玮 程晓理 吴华东 王 斌
	吴 燕 韩 玲 张玉江 王文敏 毛统斌
	吴 燕 朱天文 龚飞雪 郝 恺 许鹏飞

总平面图

设计简介

建筑以整体城市设计为背景，以"经典、精致、庄重"为设计理念。整体造型采用简洁的建筑体型和竖向线条展现高铁新城澎湃活力。把"以人为本、绿色生态"作为设计思想贯彻始终，合理组织空间及流线，创造方便、舒适、优美的活动环境。

塔楼处理得相对挺拔，以竖向银灰色铝板搭配玻璃幕墙，经典的造型，精致的幕墙节点，营造出庄重的建筑形象；裙楼延续了塔楼的设计原则，处理得相对稳重，以竖向银灰色铝板搭配玻璃幕墙，局部二层采用横向线条体块，作为项目的跳动活跃元素。

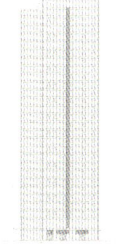   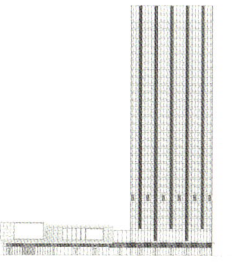 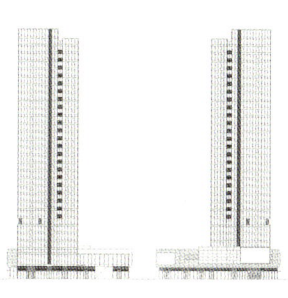

A栋北立面图　　A栋南立面图　　A栋东立面图　　A栋西立面图　　B栋南立面图　　B栋东立面图　　B栋西立面图

辽河路南、寒山路东地块项目（科技转化楼、再生医学实验楼、干细胞库、临床研究中心）

项目类型	公共建筑
设计单位	常州市规划设计院
建设地点	常州市新北区辽河路南、寒山路东
用地面积	99969.00m²
建筑面积	61443.45m²
设计时间	2015.01—2017.02
竣工时间	2019.09
获奖信息	二等奖
设计团队	章 强　李雪峰　赵 刚　庄 敏　潘江海 邵 伟　史春捷　胡韦楠　徐春燕　姚 卫 孙大伟　胡永建　朱 鸥　朱炜亮　刘晓华

总平面图

设计简介

本项目地处常州市"一核八园"之一——常州市国家高新区生命健康产业园。规划方案构思来源于生命细胞与胚胎，隐喻产业孵化的概念。园区即胚胎，场地中的湿地系统犹如细胞中的细胞液与细胞基质，建筑群组即细胞核与包间体，交通构架犹如细胞的信息与物质交换通道。方案希望通过建筑、环境及便捷交通打造如同细胞一样高效运作的园区体系，创造产业的温床、孵化的基质。建筑方案采用常州独有的传统书院布局，运用"人在景中"的理念，使建筑每个转角、每条走廊、每个窗口景观都充满江南园林的韵味，这是常州崇文尚学的人文精神的传承与延续。

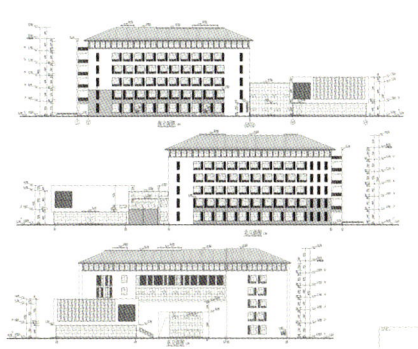
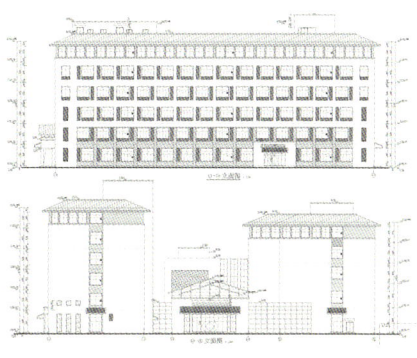
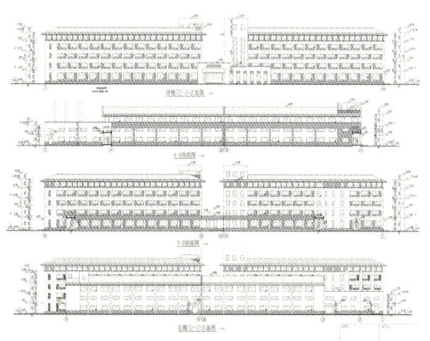

立面图

雁荡山大型旅游集散中心

项目类型	公共建筑
设计单位	东南大学建筑设计研究院有限公司
建设地点	浙江省温州乐清市北雁荡景区入口松垟村黄龙坑口
用地面积	42911.00m²
建筑面积	9591.20m²
设计时间	2011.05—2015.05
竣工时间	2020.01
获奖信息	二等奖
设计团队	唐芃 孙友波 史春华 丁玉强 顾海明 刘劲松 任祖昊 全国龙 朱绳杰 周青 周璇 范秋杰 周瑞芳 王智劼 张胜亚

总平面图

设计简介

本项目的设计任务主要是解决雁荡山景区主入口高峰时期大量游客的停车、购票、候车和换乘等问题。设计通过交通规划、景观规划、建筑设计等综合交叉进行。规划上，设计者跨越白溪两岸创造了"雁行""海月"和"望归"三个主要广场，进行迎客、换乘、送别等功能的转换。建筑平面采用了三折的形态，平面上呼应旧建筑、新建雁月桥和白溪三个既有要素的轴线方向。主体建筑采用了当地民居建筑形式的双坡顶，建筑立面大面积使用当地石材来表现地方特色。屋顶被分解成几个交叠的折板屋面，造型上意喻大雁展翅，与主体部分用玻璃长窗隔开，使屋顶显得轻巧飘逸，形态上隐喻大雁即将展翅高飞。面向旧游人中心的方向，将建筑体量减小打碎，并采用与旧建筑相同的材料与形式取得呼应。

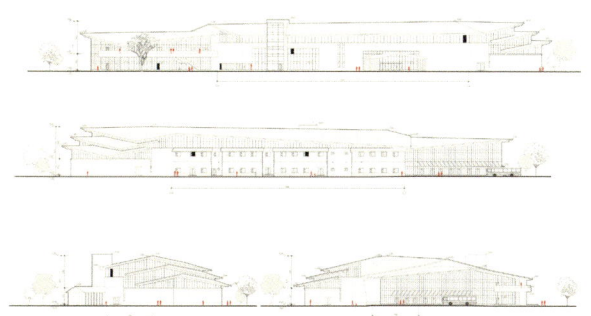
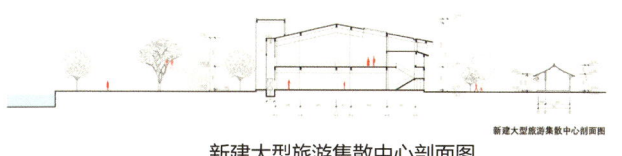

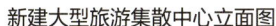

新建大型旅游集散中心立面图　　　　　　　　旧游人中心剖面图

新建大型旅游集散中心剖面图

中和小学建设项目

项目类型	公共建筑
设计单位	南京市建筑设计研究院有限责任公司
建设地点	南京市建邺区
用地面积	35266.20m²
建筑面积	30538.00m²
设计时间	2016.11—2017.03
竣工时间	2019.08
获奖信息	二等奖
设计团队	朱道焓 罗明辉 邢大鹏 欧燕勤 薛同坤 黄炎 张欣 李昂 赵福令 朱非白 陈野 姜磊 钱冰 张文静 郭磊

总平面图

设计简介

不同于常规的教学楼设计将普通教室与专用教室完全分开设置的做法，本方案将三栋教学楼设计为各自相对完整的教学综合体。方案将各个专用教室分别设置在三栋教学楼的东侧，与普通教室紧密结合，每一栋教学楼都可以自成一个完整的教学体系。方案空间多样灵动，创造宁静、活泼、安全、易达的校园造型空间。采取多种低碳技术策略来实现绿色生态校园；采用规整的建筑形体，减小体形系数；架空廊道，促进自然通风；采用外遮阳系统，降低太阳辐射；采用种植屋面，收集雨水，隔热保温。

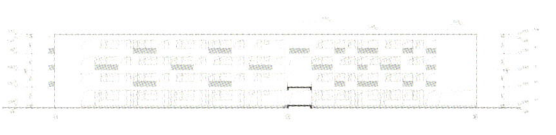

W-H轴西北立面图

4-(A-W)轴线南立面图

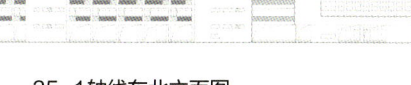

35-1轴线东北立面图

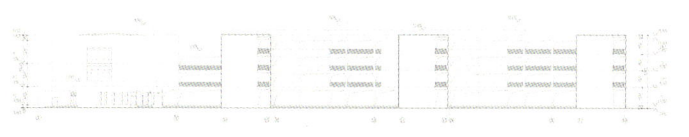

(1)-(4-3)轴线西北立面图

仙林新地中心项目（C4/C5地块）

项目类型 公共建筑
设计单位 江苏省建筑设计研究院股份有限公司
建设地点 南京市栖霞区仙林大学城中心区
用地面积 37730.00m²
建筑面积 68459.00m²
设计时间 2008.04—2018.05
竣工时间 2019.09
获奖信息 二等奖
设计团队 徐延峰　王小敏　池　程　刘　琦　卢　军
　　　　　　谢卫华　冯　瑜　马之飞　李文品　夏卓平
　　　　　　朱　波　王雪松　李　山　王怡婷　段　婷

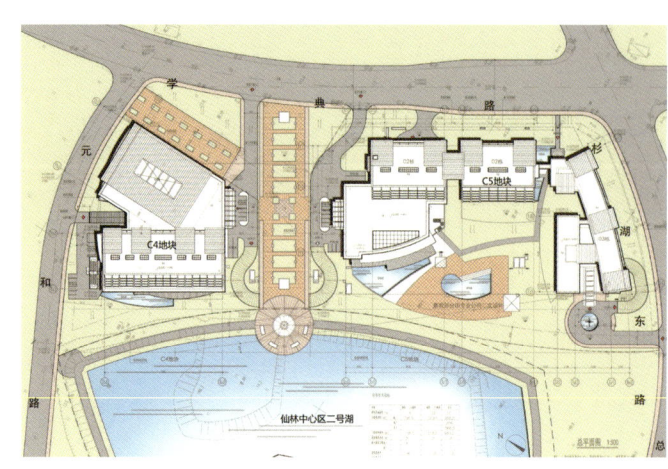

总平面图

设计简介

设计着眼于城市整体空间，在建筑单体方案上融入城市标志性建筑的整体风貌。酒店位置明显、突出，具有独特风格，通过建筑形体等的塑造形成良好的城市景观。在建筑形体上强调其雕塑感，以简单的折线型体块突出了建筑的个性化和时代感，注重建筑与周边环境的协调。建筑在满足规划要求的基础上注重合理的使用和经济性。总体布局和建筑的空间组织、功能配置遵循科学、合理、经济、实用的原则，力求结构合理，充分考虑环境、采光、自然通风等问题，实际具有可持续发展性。

实景照片

南侧3号楼阳台眺望北侧整体透视图

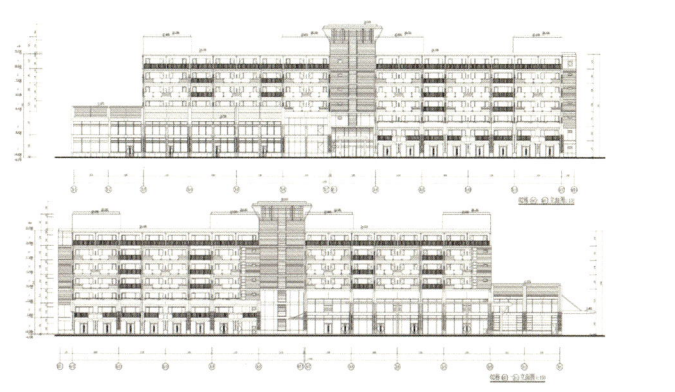
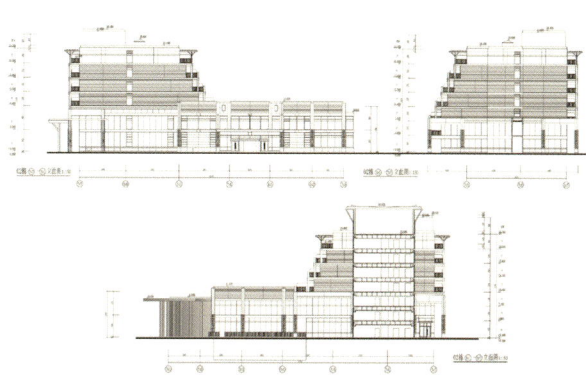

02栋立面图

厦门路学校

项目类型	公共建筑
设计单位	江苏省建筑设计研究院股份有限公司
建设地点	宿迁经济技术开发区
用地面积	99328.00m²
建筑面积	87885.20m²
设计时间	2019.05—2019.10
竣工时间	2020.06
获奖信息	二等奖
设计团队	白鹭飞 徐震翔 王晓军 刘 杰 张 蕾 高秀忠 赵 飞 严克非 张海耀 刘 颖 朱 超 谢鹜宇 范晨芳 徐 玮 祁昌国

总平面图

设计简介

厦门路学校项目整体造型大方，传统与现代结合的建筑造型、丰富的空间层次、深厚的文化内涵是此次校园规划的构成要素，借新建之机遇，力求打造具备生态型、园林化、艺术性的现代校园，令其成为一座散发青春活力，更具长久生命力的地区名校。校内教学区、生活区、运动区合理分离，而又相对紧凑、连贯。校园的主要教学建筑通过平台、连廊充分联系各栋建筑物单体，营造丰富的室外空间。连廊直通主席台看台，方便学生到达运动场。

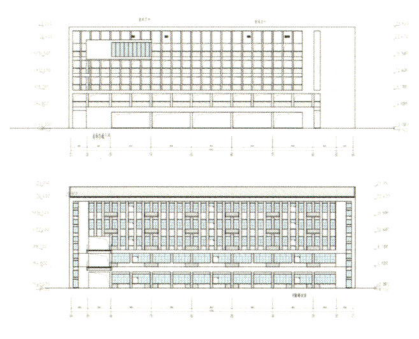

1号中学楼立面图

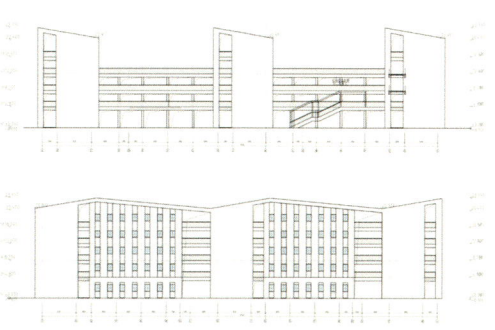

1号中学楼立面图

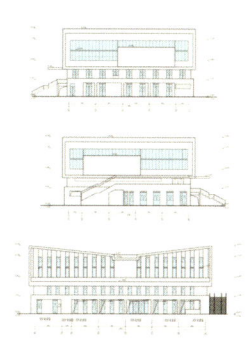

5号体育馆立面图

南京江心洲2015G06地块项目

项目类型	公共建筑
设计单位	江苏省建筑设计研究院股份有限公司
建设地点	南京市建邺区
用地面积	26934.96m²
建筑面积	61565.93m²
设计时间	2016.04—2016.09
竣工时间	2019.12
获奖信息	二等奖
设计团队	卢同生 陶景晖 夏卓平 顾继明 肖 伟 季忠海 张杰亮 郭 昀 王璧君 张洋洋 高 超 朱红艳 周晓春 李阳洋 王 蓓

总平面图

设计简介

根据总体城市规划设计指导思想，遵循城市设计的总原则，将地块纳入城市设计中统筹规划，整体设计。充分理解项目周边土地的用地规划性质，合理进行05-23、05-25地块的总体规划；充分解读项目地块周边的公共配套设施分布，合理安排05-23、05-25地块的公共配套设施布局；充分理解项目地块周边的交通组织系统，包括小区出入口及车行出入口的位置，对地块的车行流线和步行系统进行设计。地块位于夹江侧，沿江布置，与生态红线内的开敞生态带一起与夹江景观融合。

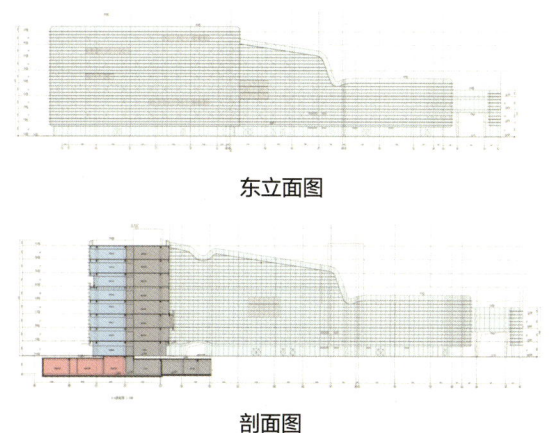
东立面图

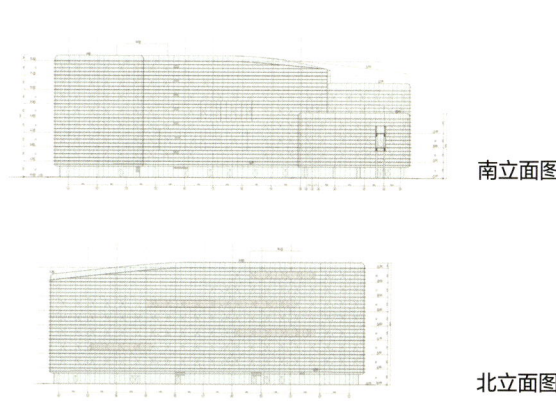
南立面图

剖面图

北立面图

郎江小学项目

项目类型	公共建筑
设计单位	苏州苏大建筑规划设计有限责任公司
建设地点	苏州市吴中区吴山街南侧
用地面积	46799.80m²
建筑面积	53295.99m²
设计时间	2018.01—2018.12
竣工时间	2020.06
获奖信息	二等奖
设计团队	张洪明　胡　蔚　桂　明　夏元翠　周晓宏 邹　剑　顾丽娜　孙中国　周春华　常亚建 周海源　蒋　琳　关　瑾　赵永彬

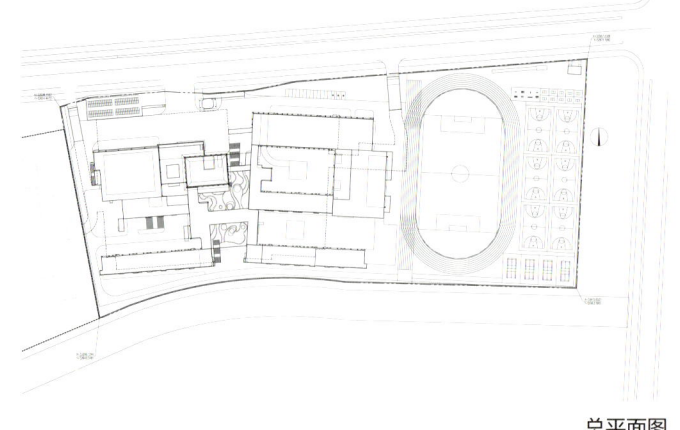

总平面图

设计简介

设计从整体出发，使校园形成一个完整的体量，通过中心位置大平台的设置，将校园的联系空间有机地结合起来。把建筑功能中的空间进行合理的规划，根据面积及功能进行分区形成各自的群体进行排布，达到所需要的规划效果，形成了东西两个教学区。在东西教学区交接的缝隙中有大量的虚空间，再加上图书馆、展览室等实体空间的介入，形成建筑生成的另一个行为——缝合，让这片区域产生很多精彩的片段。设计重点关注了学生接送造成的市政拥堵的问题，把所有机动车都引入学校地下车库进行学生接送，在地下形成了一个人车分流的接送通道。

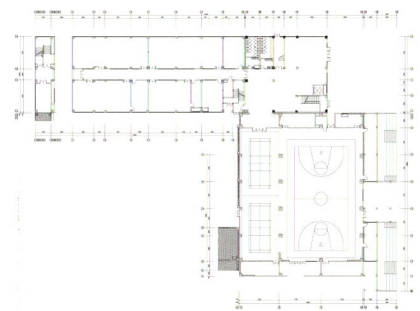
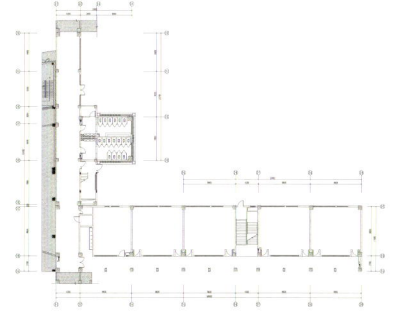
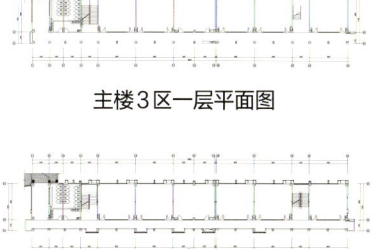

主楼1区一层平面图　　　　主楼2区一层平面图　　　　主楼3区一层平面图

主楼3区二层平面图

靖安县西门外历史街区保护与利用工程 A 地块改造

项目类型　公共建筑
设计单位　扬州市建筑设计研究院有限公司
建设地点　江西省宜春市靖安县
用地面积　43131.19m²
建筑面积　27650.36m²
设计时间　2018.07—2019.01
竣工时间　2019.05
获奖信息　二等奖
设计团队　季文彬　崔　佳　钱敏珅　丁渝靖　张　伟
　　　　　张良闯　韩如泉　吴　荣　贾文娟　张韶梓
　　　　　庄天时　薛凤飞　季殊菲　李　智　周　静

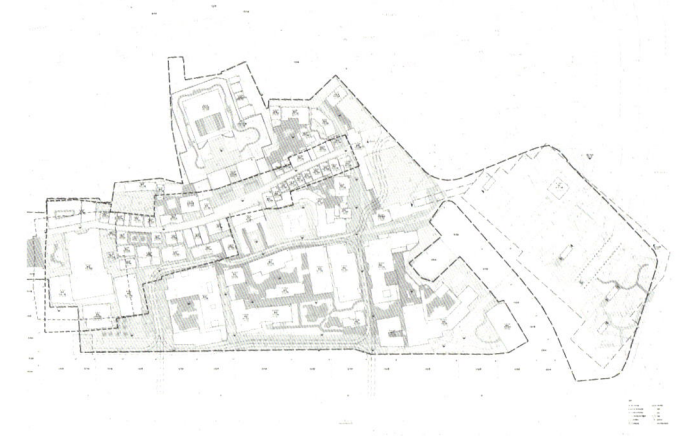

总平面图

设计简介

本项目保持和延续历史街巷的传统格局，保护西门外历史街区传统肌理的延续性。保护街巷的空间尺度，拆除违章搭建，规划并梳理公共空间环境，使之呈现黑瓦清水砖墙、深巷小院的宁静传统居住空间氛围。并恢复和保护传统街巷的历史名称，适时展示其历史及文化意义。通过对沿街的风貌障碍建筑进行维修、改善、改造、整治，使其与原有传统建筑保持风格上的一致，力求在建筑上体现当地传统建筑的典型特色。通过功能上的多重复合定位、公共空间的整治、景观环境要素的引导，展现靖安的传统商业精粹，使其呈现出富有文化吸引力的传统商业旅游空间氛围。

江苏·优秀建筑设计选编 2021 | 213

中国联通江苏分公司通信综合楼

项目类型	公共建筑
设计单位	中通服咨询设计研究院有限公司
	南京坎培建筑设计顾问有限公司（合作）
建设地点	南京市建邺区庐山路以西，嘉陵江东街以北
用地面积	13106.50m²
建筑面积	62321.00m²
设计时间	2010.08—2014.11
竣工时间	2019.07
获奖信息	二等奖
设计团队	吴大江　贺　颖　朱　强　何运全　张　磊
	孔　燕　葛卫春　周海涛　杜安亮　马忠秋
	张仁玉　殷卫东　朱发熙　戴新强　夏　强
	李晓红　刘瑞义　徐经纬　吴　健　单建中

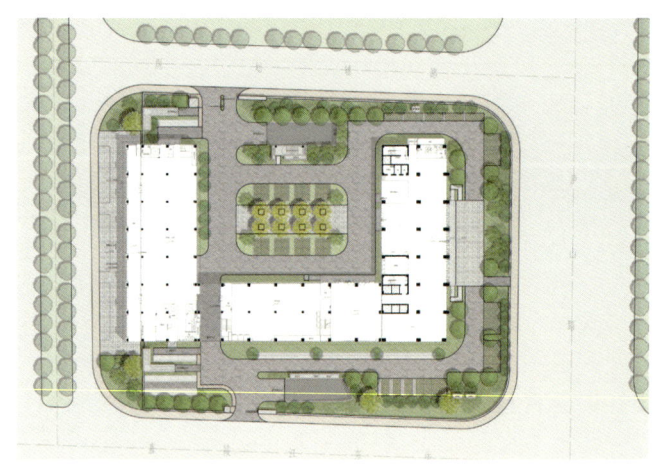

总平面图

设计简介

本项目依据南京市河西区规划导则规定，采取周边式布局方式，使整个建筑群组织成一个有机的整体，并结合内部庭院构筑出一座基于城市构架、具有城市活力的地标式建筑。结合建筑流畅的体型变化形成的沿街架空敞廊以及建筑自身的空中花园，形成不同层次的视线通廊，同时与广场围绕的内庭院形成丰富的视觉通道，为人们提供了步移景异的使用体验，同时，贯通开敞的内庭院空间形态方正，具有极佳的通风效果，入口处架空连廊使得内庭院与城市形成视觉互动的同时又保持着良好的私密性和领域感。

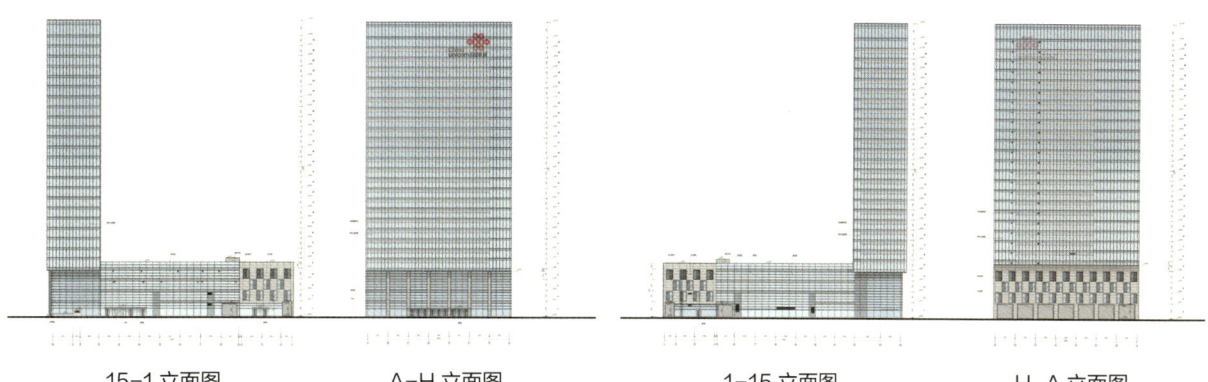

15-1 立面图　　　　　A-H 立面图　　　　　　　1-15 立面图　　　　　H-A 立面图

新城科技园物联网产业园(科技创新综合体B)

项目类型 公共建筑

设计单位 中通服咨询设计研究院有限公司
南京清远工程设计有限公司(合作)

建设地点 南京新城科技园区内

用地面积 62203.45m²

建筑面积 406279.45m²

设计时间 2011.11—2012.05

竣工时间 2018.07

获奖信息 二等奖

设计团队 徐勇 吴大江 刘瑞义 张冰 何运全
张磊 黄维 刘永 张程昀 葛卫春
杜安亮 姚进 张皓磊 戴新强 刘斌
张仁玉 殷卫东 许艳 秦新峰 陈彦军

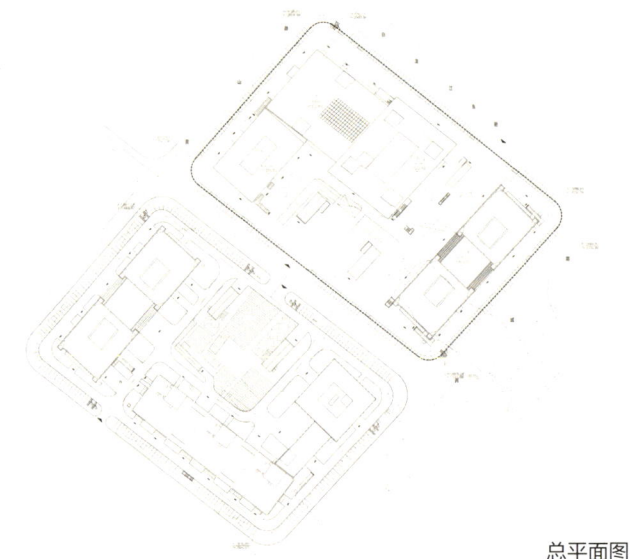

总平面图

设计简介

南北地块之间通过高层双塔楼形成一条南北向轴线,把整个基地融入了城市格局。南北侧地块中间各设计了一个核心广场,运用中间的商业街组团把南北地块进行了分割限定,南北两个核心广场在视觉上相互贯通,却又相互独立。建筑单体采用了高层空中花园的设计,把相邻的两栋高层通过空中花园联系起来,形成一个休息交往的空间,改善生态环境,融入绿色理念。充分考虑研发办公空间的模块化设计,满足空间使用的灵活性与通用性。

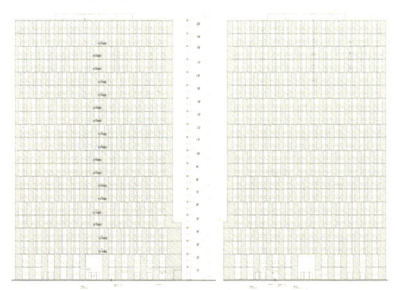
6-1 立面图

1-33 立面图

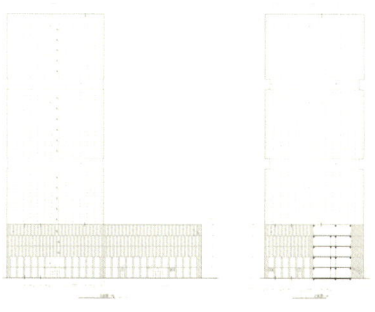
1-11 立面图　　A-F 立面图

溧阳泓口小学

项目类型	公共建筑
设计单位	江苏美城建筑规划设计院有限公司
建设地点	江苏省溧阳市泓口路北侧
用地面积	34617.00m²
建筑面积	20880.00m²
设计时间	2019.03—2019.07
竣工时间	2020.07
获奖信息	二等奖
设计团队	孙振华　高文桥　郑拥星　陈中宏　廖　振
	韩　磊　徐东斌　马　涛　韩立慧　韩志军
	周　宇　钱　曜　高建华　韩　奇　李益林

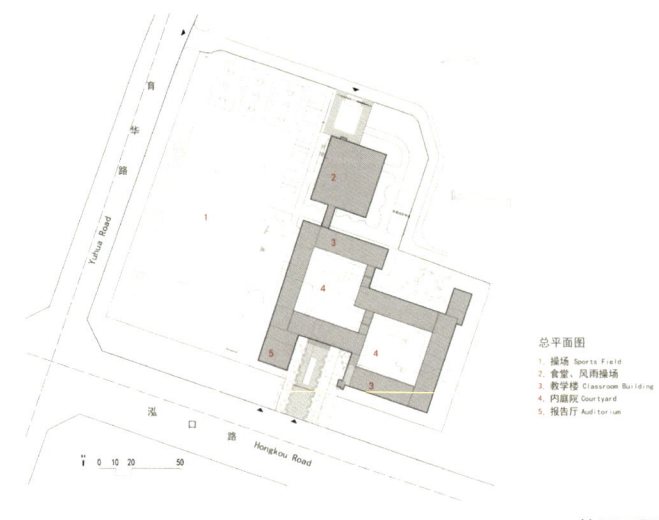

总平面图

设计简介

主体教学楼部分呈两个"C"字形体咬合，形成两个相对独立又联系互通的内庭园。在南侧主要入口处，利用西侧加出来的报告厅以及东侧竖向的标志塔，围合成校前入口广场，更好地拥抱城市空间。在主入口采用架空门廊，将传统书院的轴线空间序列外显，同时在门廊下方将传统建筑的屋顶结构形式进行抽象化处理，植入一个由三层金属檩条层层出挑的构筑物，形成传统大挑檐屋顶的入口大门形象。整体建筑造型采用新中式样式，简洁大气，内敛雅致，屋顶采用舒展的弧形坡顶，一层局部咬合，削弱主要建筑的尺度感。

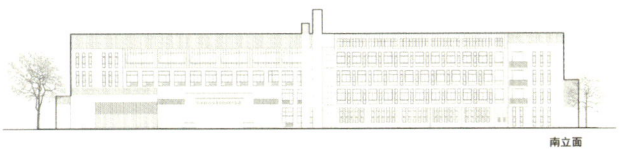
南立面图

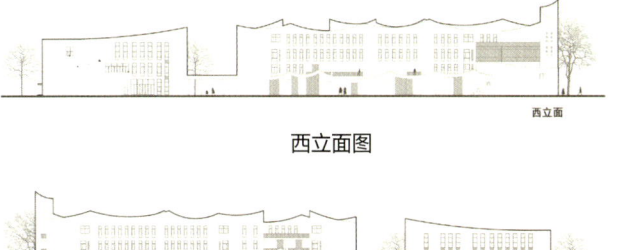
西立面图

北立面图

东立面图

蓝海路小学与侨康路幼儿园建设项目——蓝海路小学

项目类型 公共建筑
设计单位 南京大学建筑规划设计研究院有限公司
建设地点 南京市江北新区兰山路47号
用地面积 39007.56m²
建筑面积 35709.92m²
设计时间 2018.09—2019.01
竣工时间 2020.04
获奖信息 二等奖
设计团队 李德寒　李少航　林　晨　丁　娅　康信江
　　　　　　赵　越　王碧通　陈洪亮　董　婧　黄　彦
　　　　　　邓云翔　丁　岚　徐　庆　陈长霞　缪　霜

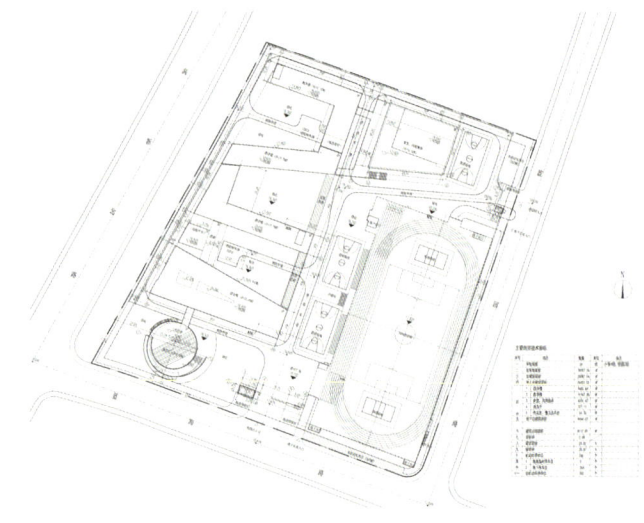

总平面图

设计简介

项目设计注重合理的功能布局、流线设计和动静分区，空间结构条理清晰，并且将自然环境景观与功能布局相结合，在理性的功能组织框架下，力求塑造分主从、有层次、有逻辑的校园空间结构。设计手法强调有机营造，强化建筑与环境高度融合，体现了时代特征、文脉特征、人文特征、科技特征的交融，使整个校园布局呈现有机性、整体性的鲜明特色。校园内各建筑的立面设计以现代简洁的风格为主，各建筑单体风格相对统一，采用体块穿插、虚实对比、材质变化、色彩搭配等现代风格的设计手法，但在具体设计时，又充分考虑各自的特点，在统一中求变化，兼顾共性和个性。

轴立面展开图　　　　　　　　　　　　　　　　轴立面展开图

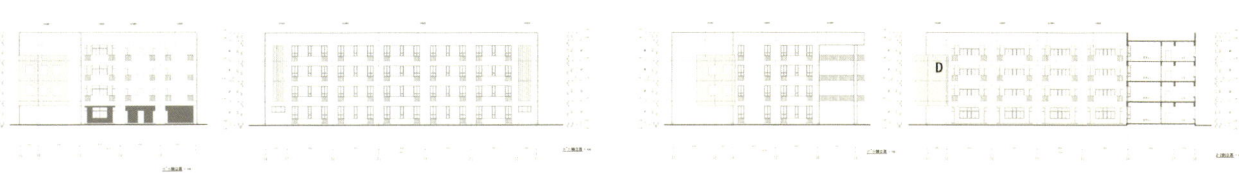

轴立面图　　　　　　　　　　　　　　　　　　轴立面图

江心洲基督教堂项目

项目类型	公共建筑
设计单位	南京大学建筑规划设计研究院有限公司
	南京张雷建筑设计事务所有限公司（合作）
建设地点	南京市建邺区江心洲葡园路与规划南环路东北角
用地面积	4590.22m²
建筑面积	2097.20m²
设计时间	2017.07—2019.03
竣工时间	2020.05
获奖信息	二等奖
设计团队	戚 威　方 勇　梁佳斌　马海依　赵 敏
	朱旭荣　张 芽　胡晓明　孙建国　高 晨
	黄 荣　濮思睿　王丹丹　张 弛　夏煜琛
	陈雨菲　张 宇　赵 涵　龚 桓　范新我

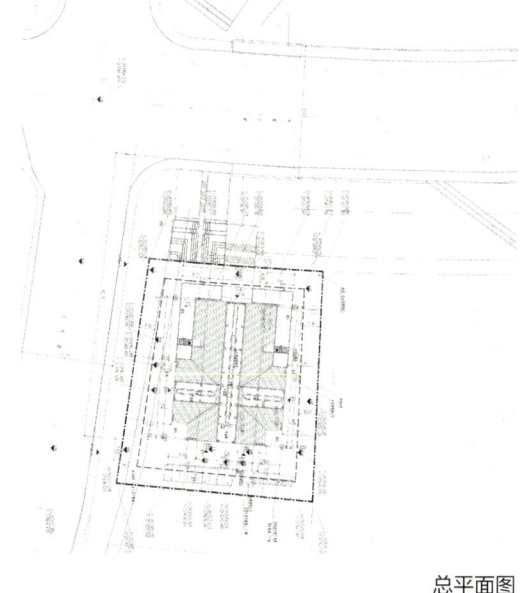

总平面图

设计简介

本方案的设计出发点在于融汇中西，以一双祈祷的手为出发点，将中国传统大屋顶建筑样式与基督教传统"拉丁十字"式空间相结合，既体现中国文化的清扬飞逸，又不失西方基督文化的庄严神圣。其高耸向上的体量感不仅暗合上帝俯就众生的基督教义，也因其所处地理位置优越而成为一处独特地标。教堂外观俯瞰呈"拉丁十字"形，立面为规则曲面造型，在屋脊处分别分开下滑，使屋檐延伸为长长的曲面，既减少了锐利冰冷和突兀，又增添了几分自然和雅致，美感顿生。弧线的温润特质也代表了基督文化与中国文化和婉相处。

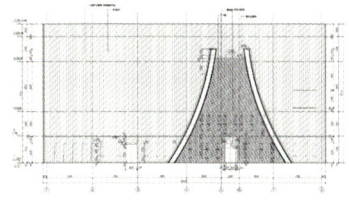
1-8轴立面图

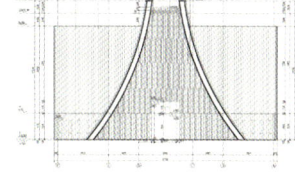
8-1轴立面图

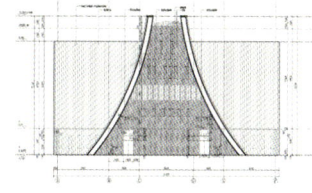
F-A轴立面图

A-F轴立面图

江苏省气象灾害监测预警与应急中心

项目类型	公共建筑
设计单位	南京大学建筑规划设计研究院有限公司
建设地点	南京市建邺区黄河路与渭河路交汇处
用地面积	10749.01m²
建筑面积	39510.52m²
设计时间	2015.03—2016.06
竣工时间	2020.05
获奖信息	二等奖
设计团队	钟华颖　李少航　蒋　晖　李德寒　林　晨 康信江　丁玉宝　赵　越　施向阳　陈仁凯 丁　娅　黄　彦　丁　岚　陈长霞　王立明

总平面图

设计简介

项目考虑整个地区的建筑肌理，在充分利用基地内部及周边自然资源的基础上，以整体性生态主义设计手法将周围环境与建筑功能布局相结合。建筑采用最朴素的设计手法将简洁的方形体量与丰富的建筑细部设计相结合，力求塑造出科研办公建筑稳重、大方、低调、富有科技感的特点，同时契合河西南部低碳生态智慧城核心示范区现代、简洁、纯净的整体风貌，展现出南京市包容、开放的城市精神。建筑与场地的组合由气象局标志的螺旋形构图演化而来，场地核心部位如同风暴中心，最终收束于中庭花园，突出"科技核心，生态和谐"的气象文化。

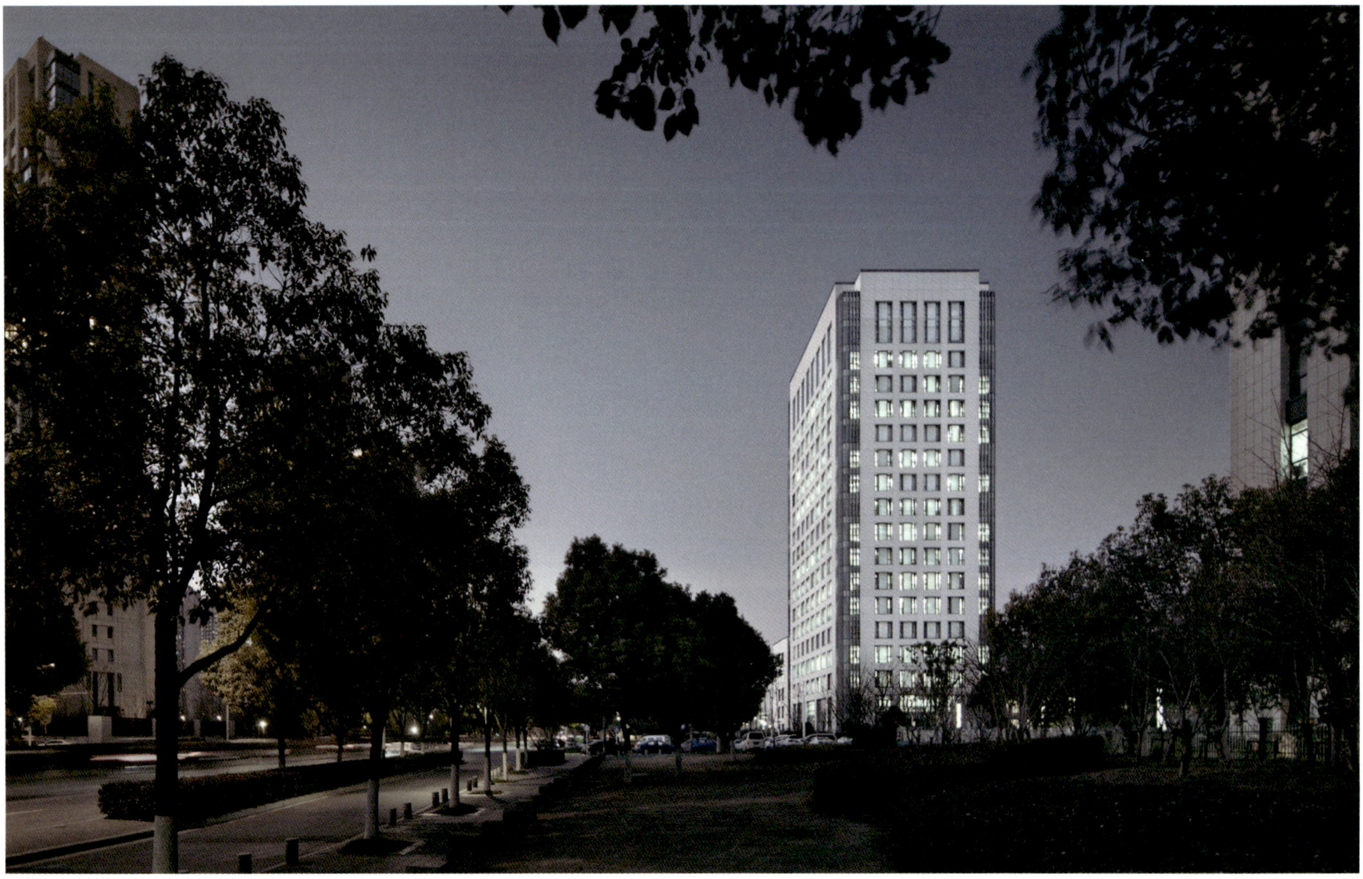

1-11 轴立面图

11-1 轴立面图

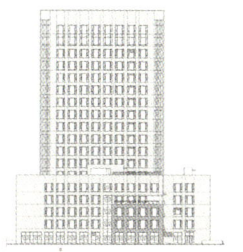

A-K 轴立面图

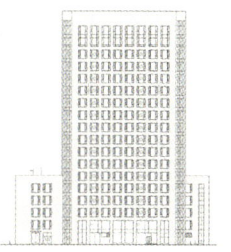

K-A 轴立面图

江南大学附属医院(无锡市第四人民医院易地建设)项目

项目类型	公共建筑
设计单位	无锡轻大建筑设计研究院有限公司
	山东省建筑设计研究院有限公司(合作)
建设地点	无锡市滨湖区蠡湖大道与和风路叉口北侧
用地面积	115612.00m²
建筑面积	211968.67m²
设计时间	2016.01—2016.08
竣工时间	2020.03
获奖信息	二等奖
设计团队	舒春敏　丁新中　张　浩　徐震淘　何　婷
	卢逢明　周朝瑜　刘　芳　李　羿　刘　斌
	石东辰　张君飞　于　进　丁思维　孙隐樵

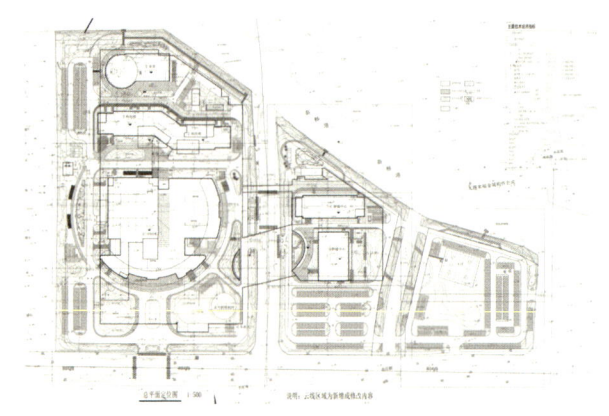

总平面图

设计简介

医院建筑功能复杂,平面利用"南北医院街"及"医疗交通核"组织门诊、急诊,医技交通、各科室采用平面单元尽端处理,方便医院管理。为协调建筑的丰富性、完整性,采用8.4m×8.4m的柱网为基本控制格网,根据环境要求和功能变化进行发展衍变。本项目取意"太湖明珠",将无锡当地的地域特色赋予医院的规划之中,建筑群体特色鲜明,医疗结构严谨且富有活力。项目采用现代风格,结合无锡厚重的文化底蕴,建筑群体采用米黄色石材、真石漆外墙和白色铝板点缀格栅装饰构件,大方挺拔,建设之后能够形成完整壮观的立面效果。

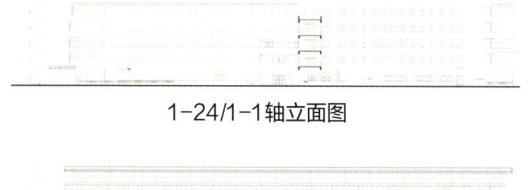

1-24/1-1轴立面图

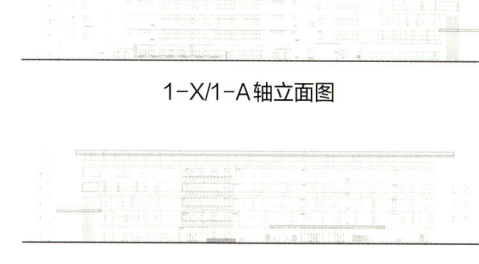

1-X/1-A轴立面图

1-1/1-24轴立面图

1-A/1-X轴立面图

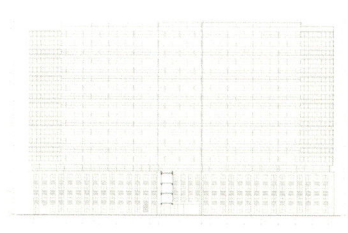
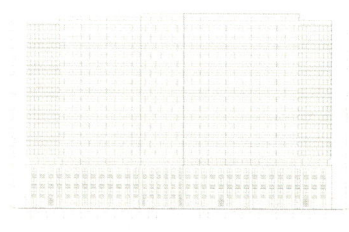
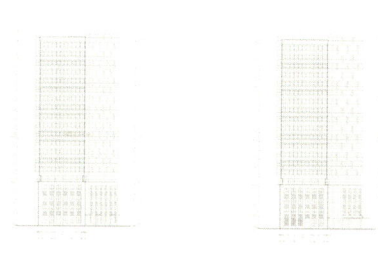

2-1/2-21轴立面图　　　2-21/2-1轴立面图　　　2-1A/2-1G轴立面图　　2-2G/2-2A轴立面图

江苏·优秀建筑设计选编 2021 | 227

树屋十六栋项目

项目类型	公共建筑
设计单位	南京城镇建筑设计咨询有限公司
建设地点	南京市浦口区星火北路与永新路交叉口东侧
用地面积	137853.00m²
建筑面积	137853.00m²
设计时间	2017.04—2017.08
竣工时间	2019.05
获奖信息	二等奖
设计团队	肖鲁江　谢　辉　钱正超　孙　目　张金水 俞钧文　于洪泳　张宗超　王　健　刘文飞 孙维斌　姚　军　刘　亮　王　琰　曹　倩

总平面图

设计简介

本项目占有独特的地理位置，一侧是纯自然的山体景观，另一侧是高强度大体量的都市办公建筑群。中央绿色脊柱串联所有独立的建筑物，为行人提供户外广场和非正式的会议空间。根据使用面积的不同大小，精心提供一系列的环境，如私密的、开放的、阳光充沛的交流空间。本项目采用大量的医药专业的专项设计，打造标杆级的高度洁净研发空间，同时充分考虑专业生产的工艺需求，创造与自然和谐友好共存的专业医药研发园区以及独立院落式的医药办公。

A 类标准研发楼南立面图

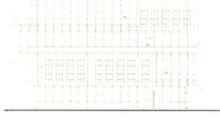
A 类标准研发楼东立面图

B 类标准研发楼南立面图

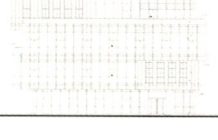
B 类标准研发楼东立面图

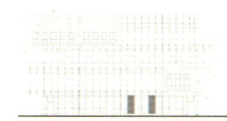
A 类标准研发楼北立面图

A 类标准研发楼西立面图

B 类标准研发楼北立面图

B 类标准研发楼西立面图

C 类标准研发楼南立面图

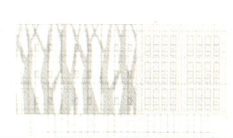
C 类标准研发楼东立面图

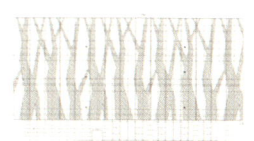
D 类标准研发楼东立面图

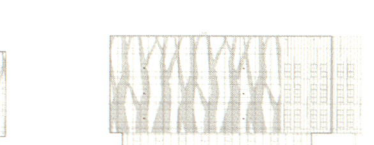
C 类标准研发楼北立面图　　C 类标准研发楼西立面图

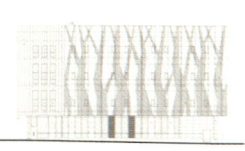
D 类标准研发楼北立面图

D 类标准研发楼西立面图

连云港市食品药品检验检测中心

项目类型	公共建筑
设计单位	连云港市建筑设计研究院有限责任公司
建设地点	连云港市经济技术开发区新医药产业园内
用地面积	12598.40m²
建筑面积	13370.00m²
设计时间	2013.11—2014.03
竣工时间	2014.08
获奖信息	二等奖
设计团队	韩中敬　朱海龙　谢　琳　尚祖朕　康世武 钱　冬　祁德峰　吴　婧　张剑平　李文华 刘汉利　周严峰　丰维方　马占勇　王方辉

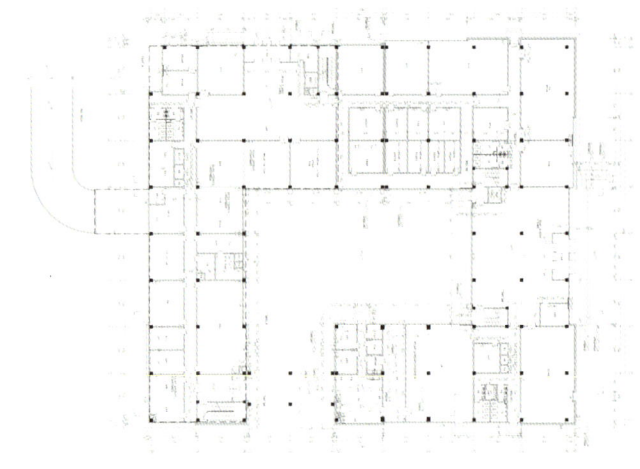

一层平面图

设计简介

建筑形态基于"对立统一"的基本概念，通过两个"L"形的体量将"业务用房"与"食品药品检测检验实验室"分开，并通过中间的庭院来建构整个大的形态结构。同时通过不同部分功能的需求进一步将体量细化，突出高差虚实。这样建筑从各个角度都体现出"L"形的虚实变化，错落有致，虚实对比也恰到好处，形体的变化在满足相对复杂功能的同时也带来一定的趣味性。

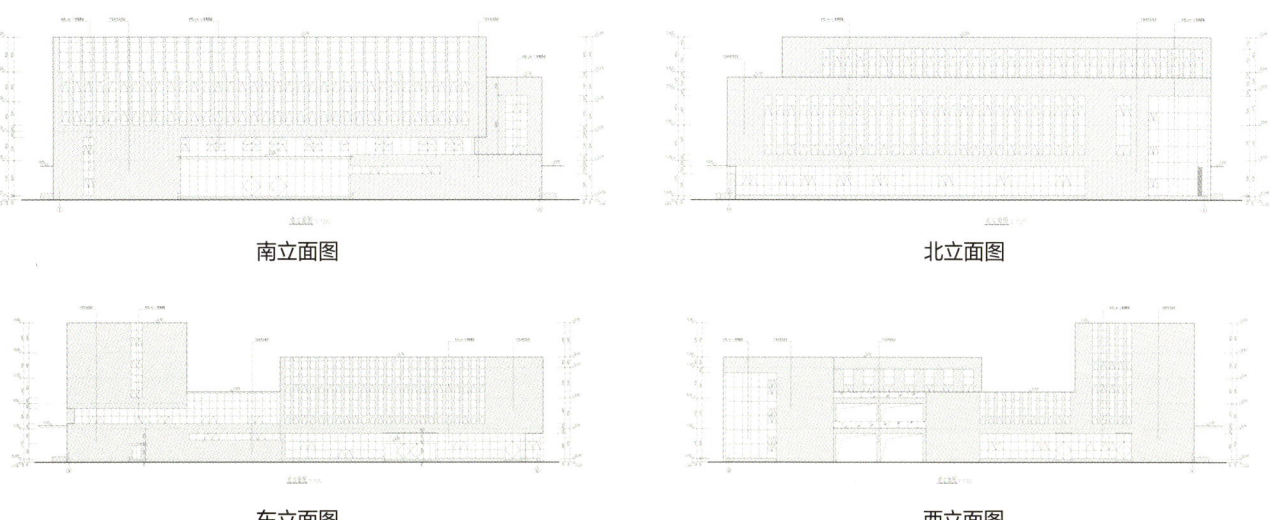

| 南立面图 | 北立面图 |

| 东立面图 | 西立面图 |

南京海峡两岸科工园海桥路配建小学

项目类型	公共建筑
设计单位	南京城镇建筑设计咨询有限公司
建设地点	南京市浦口区
用地面积	54064.53m²
建筑面积	36158.34m²
设计时间	2017.02—2018.02
竣工时间	2020.06
获奖信息	二等奖
设计团队	钱正超　周　宇　蒋　丽　俞钧文　付鸿浩 王　姝　王　健　李翔宇　肖　蔚　孙维斌 刘文飞　姚　军　徐　艳　孙长建　肖　鹏

总平面图

设计简介

设计用一条景观连廊贯穿整个校区,将校园各个区连为一体,成为学生们活动和成长的平台。各种主题庭院有私密、有开放,有静、有动,层次丰富。主入口广场外向开敞,成为一个户外学习交流区、校园文化展示区。立面的设计采用现代风格,利用真石漆与红砖质感的涂料结合,体现园区活力与个性,外观简洁大气,形体感强。

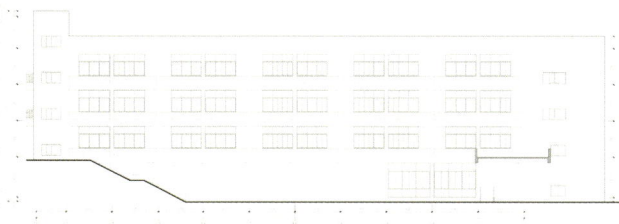

02栋北立面图

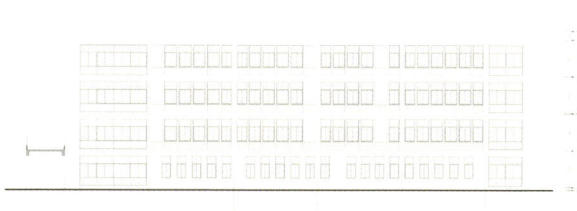

04栋综合楼1-7轴~1-1轴立面图

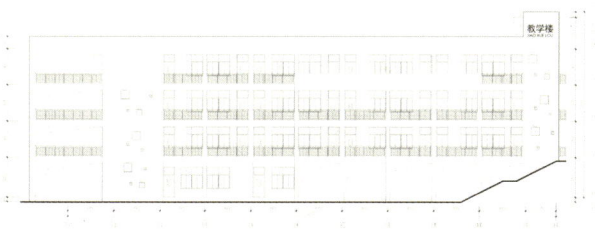

02栋南立面图

04栋综合楼2-6轴~2-16轴立面图

镇江市健康路全民健身中心工程（1号体育场架空层、2号3号连廊及老楼和环境改造）

项目类型	公共建筑
设计单位	江苏中森建筑设计有限公司
建设地点	江苏省镇江市京口区健康路1-1号
用地面积	35330.00m²
建筑面积	24258.00m²
设计时间	2018.03—2018.06
竣工时间	2019.12
获奖信息	二等奖
设计团队	姚庆武　常建君　钱　林　张　霆　吴兴强 许　多　袁德龙　孟　浩　王晶晶　蔡龙海 吴　晶　宋艳梅　展晓东　陈　帆　李　珂

总平面图

设计简介

在拥挤、嘈杂的城市中心留出一片绿，与南面的运河风光带结合起来，变成一个以"体育文化"为主题的健身公园。把建筑做成"健筑"，不再是封闭的容器，而是通过底层架空，减小对健康路及运河的压力，同时使得场所与城市无缝对接，建筑通过架空退台、悬挑、连廊产生丰富的活动空间，让建筑内外都成为人们自由活动休闲的场所。运动场抬起一层，使得足球场、篮球场和跑道的标高和运河道路的标高一致，从运河角度向内部看，抬高的运动场就是地面。

1—17轴立面图

17—1轴立面图

M—CA轴立面图（展开）

CA—M轴立面图（展开）

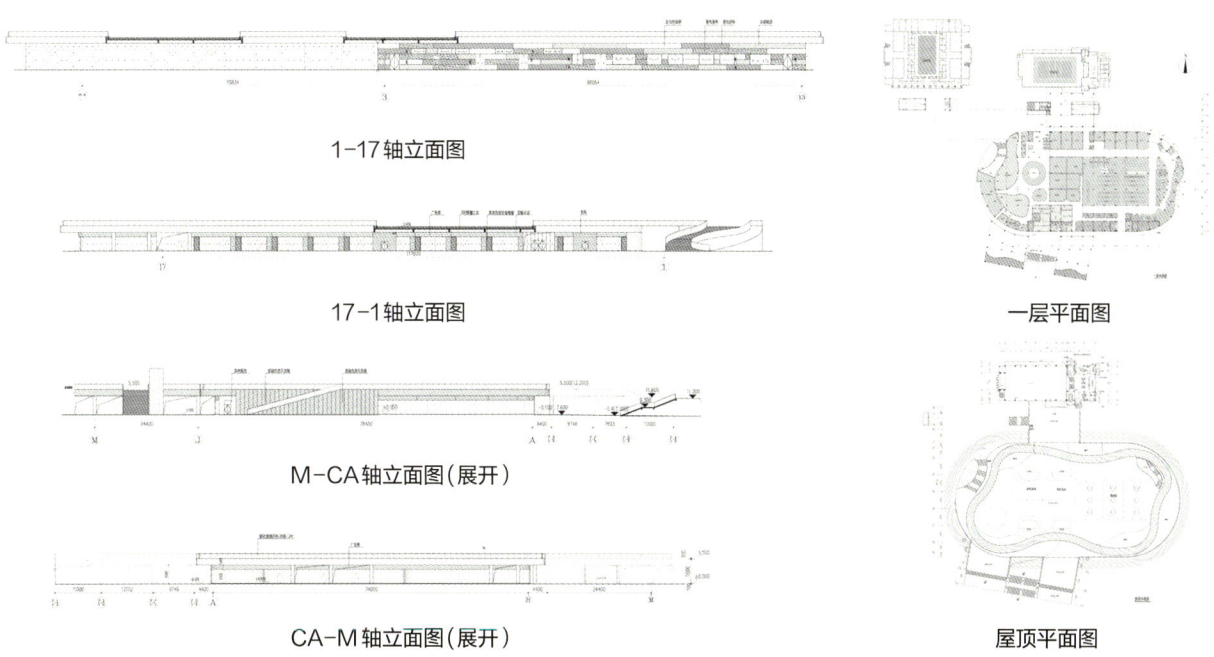

一层平面图

屋顶平面图

西咸新区国际文创小镇

项目类型	公共建筑
设计单位	中衡设计集团股份有限公司
建设地点	西安市西咸新区沣柳路以西，文教六路以南
用地面积	30021.80m²
建筑面积	120601.00m²
设计时间	2017.05—2018.04
竣工时间	2018.06
获奖信息	二等奖
设计团队	葛松筠　黄琳　胡湘明　朱小方　李铮 王涛　马亭亭　赵宝利　刘晶　张勇 李军　王杰忞　王强　陈竟　邱悦

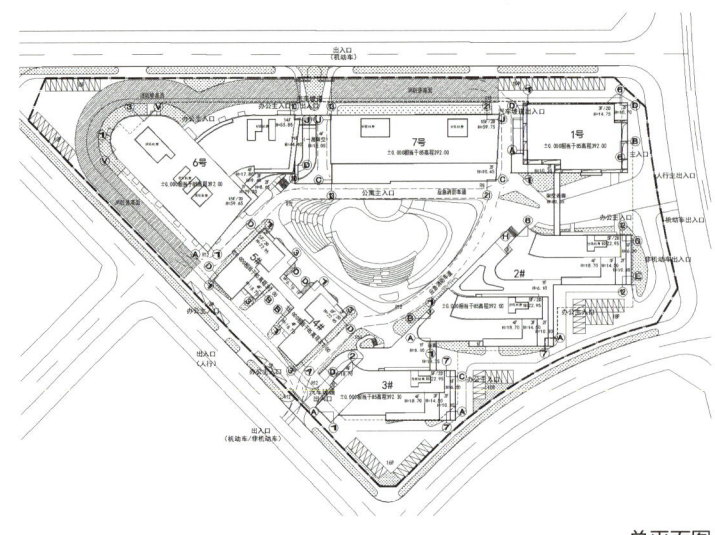

总平面图

设计简介

在这个项目的设计过程中，希望创造的是一个兼顾城市属性、个体属性的舒适、宜人、生态的双创平台。以创意设计内容创作为核心，放送渠道、体验场所和产业支持平台为支撑，打造生态产业创意设计园。依托本地优势及市场空间，着力打造设计产业，包含工业设计、建筑设计、广告创意设计和动漫衍生品设计，推动"互联网+"行动，促进设计与现代科技的融合。

2号立面图

1号立面图

2号剖面图

北外附属如皋龙游湖外国语学校

项目类型	公共建筑
设计单位	如皋市规划建筑设计院有限公司
	东南大学建筑学院（合作）
建设地点	如皋市龙游湖东南侧
用地面积	220711.00m²
建筑面积	101185.10m²
设计时间	2016.05—2017.06
竣工时间	2018.10
获奖信息	二等奖
设计团队	葛 明 王 辉 陈洁萍 高 勤 冯海波
	杨 茜 李明博 胡培培 兰丽华 李百燕
	冒圣明 向梅丰 刘 鲲 俞春梅 鲁 进

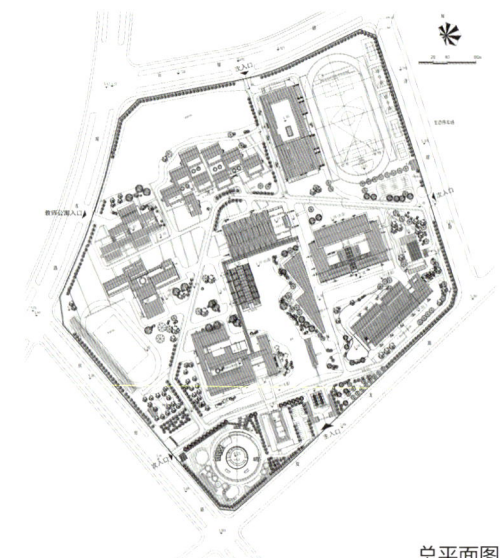

总平面图

设计简介

校园采用簇群建筑的组织模式，方便形成社区，培养学生社区精神。以书院模式组织教学与生活，形成小学部、中学部、国际高中部及中学宿舍区四大书院。保留原有水系进行疏浚，并使之环通，在校园中心区形成园区主要水景的同时，将校园不同区域划分为岛、半岛等各具特色的教学生活场所。设六边形环路将其划分为教学区与生活行政区内外两大区域，又以中心四方廊道围合出中心区公共建筑，形成整体三环式格局。此格局与场地上环通的水系相叠加，从而丰富空间与行为的层次。

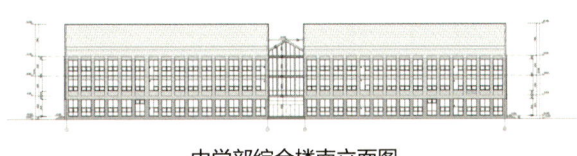
中学部综合楼南立面图

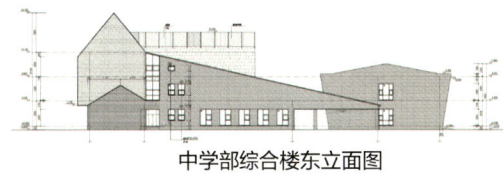
中学部综合楼东立面图

中学部综合楼北立面图

中学部综合楼西立面图

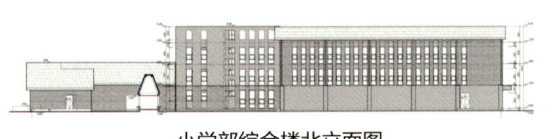
小学部综合楼北立面图

小学部综合楼南立面图

连云港市南京医科大学康达学院体育馆、看台

项目类型	公共建筑
设计单位	连云港市建筑设计研究院有限责任公司
建设地点	江苏省连云港市海州区
用地面积	22230.00m²
建筑面积	10809.00m²
设计时间	2016.12—2017.03
竣工时间	2018.08
获奖信息	二等奖
设计团队	王春晓　江乃虎　胡　江　谢　琳　胡维达 徐大华　钱柯宇　于　苗　钱　磊　赵　云 张　晶　王建东　徐祥康

总平面图

设计简介

坚持"以人为本",强调人与环境和谐,做到总体规划布置合理、交通流畅清晰、功能分区明确、产品分配合理。体现独特的人文及地方特色,利用现有资源,营造良好学习环境,体现人文主义精神,贯彻"以人为本、天人合一、和谐共存"的设计宗旨。通过空间组合的流动与渗透,结合视觉与景观艺术,营造出青春活力的学习环境。

体育馆南立面图

体育馆西立面图

体育馆北立面图

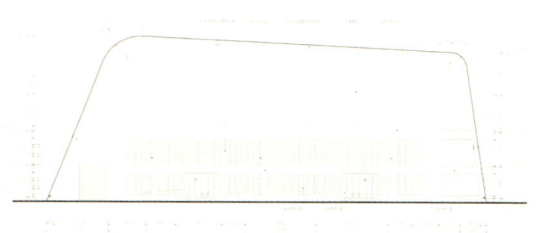

体育馆东立面图

西交利物浦大学南校区二期影视学院项目（DK20100293地块）

项目类型	公共建筑
设计单位	江苏省建筑设计研究院股份有限公司 建斐建筑咨询（上海）有限公司（合作）
建设地点	苏州市工业园区文景路南侧、雪堂街西侧
用地面积	4200.00m²
建筑面积	7410.84m²
设计时间	2017.01—2017.11
竣工时间	2020.05
获奖信息	二等奖
设计团队	徐延峰　彭伟　王超进　黄勇　瞿琰 吴耀成　龚沛　徐嵘　杨顺才　吴宏宇 赵静　龚海玲　王庚龙　龚怡　李均基

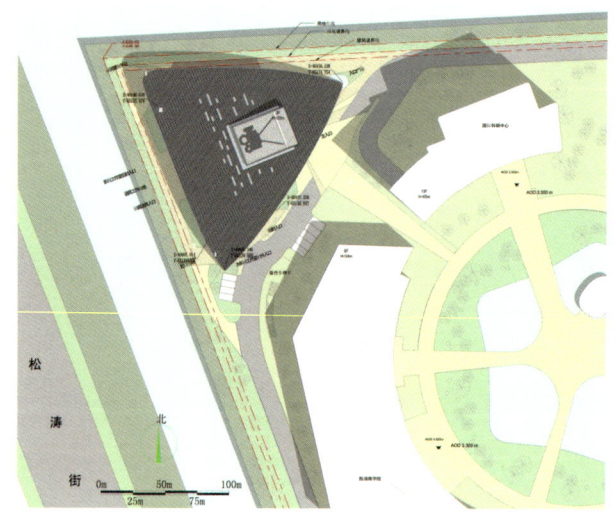

总平面图

设计简介

西交利物浦大学影视学院位于南校区西北角，大致呈三角形，建筑将在功能上适应其复杂性和特殊性，根据不同专业房间的要求，为其量身定制专业化的室内空间。同时，电影学院建筑本身具有很强的创新性和艺术性，建筑设计概念从电影拍摄过程获取灵感，用故事性的叙述手法，将建筑功能中的各个封闭房间和整个公共空间融为一体，创造出充满独特体验与公共交流的创新型空间，激发身在其中的使用者的创造性。

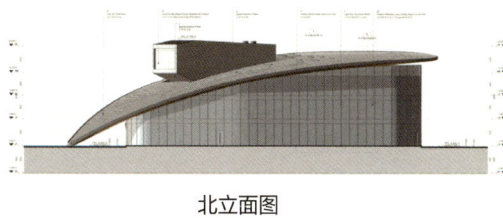

北立面图

西南立面图

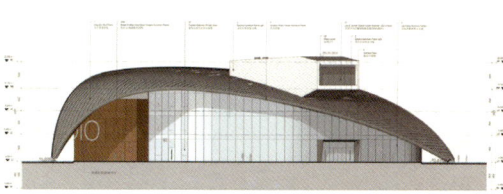

东南立面图

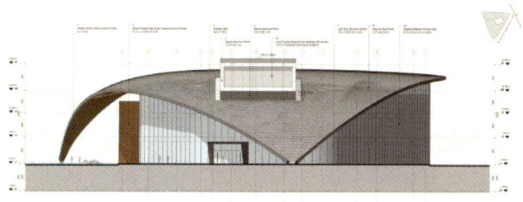

东北立面图

广西崇左市壮族博物馆

项目类型	公共建筑
设计单位	东南大学建筑设计研究院有限公司
建设地点	广西崇左市
用地面积	49249.00m²
建筑面积	12000.00m²
设计时间	2007.10—2008.10
竣工时间	2013.10
获奖信息	二等奖
设计团队	孙友波　仲德崑　荣新秋　景文娟　成　然 鲁风勇　曹　荣　巢文华　任祖昊　王晓晨 全国龙　吴　俊　朱绳杰　周瑞芳　张成宇

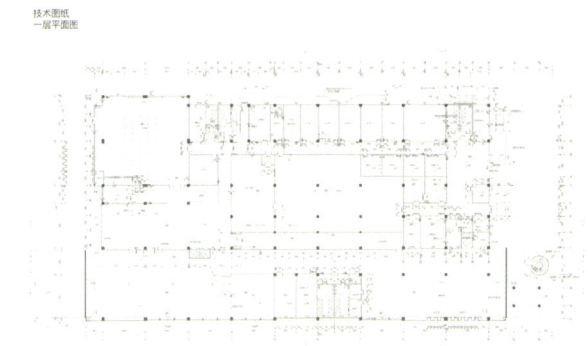

总平面图

设计简介

一个城市里的展览建筑，不应当仅仅局限于博物馆的范畴，更应当是一个生机勃勃的文化中心，功能应该是多元化的，空间应该是开放的，是吸引广大市民的重要文化场所。方案采取半室外的文化廊道作为重要的开放空间，形成活跃的空间。造型设计突出壮族的文化特色，岩画具有几千年历史，这些形象逼真、神秘莫测的岩画正是壮族"花山文化"的另一种体现。壮锦是广西民族文化瑰宝，将壮锦的图案反映在建筑的设计中，体现出民族性的、地方性的色彩。

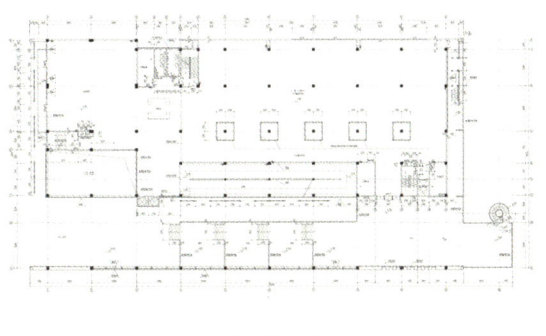

二层平面图

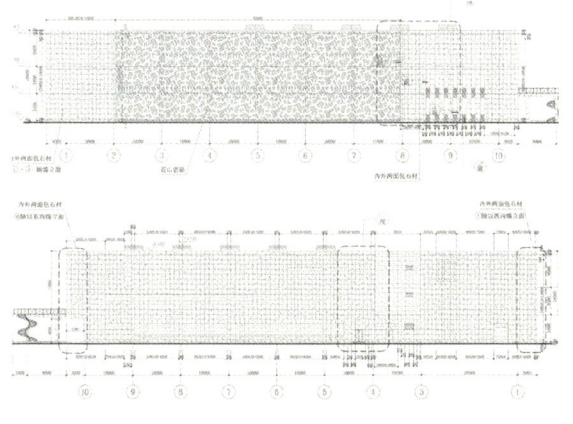

立面图

江苏·优秀建筑设计选编 2021　|　245

南京市莫愁职校新校区项目

项目类型	公共建筑
设计单位	中衡设计集团股份有限公司
	境群规划设计顾问（苏州）有限公司（合作）
建设地点	南京河西新城区
用地面积	35371.36m²
建筑面积	64098.15m²
设计时间	2016.03—2016.11
竣工时间	2019.08
获奖信息	二等奖
设计团队	罗贤华　魏改春　管春时　杨　丹　陈锦芳
	周　蔚　邵小松　喻新如　郑郁郁　曹颖婷
	王　伟　李国祥　符小兵　张　俊　吴东霖

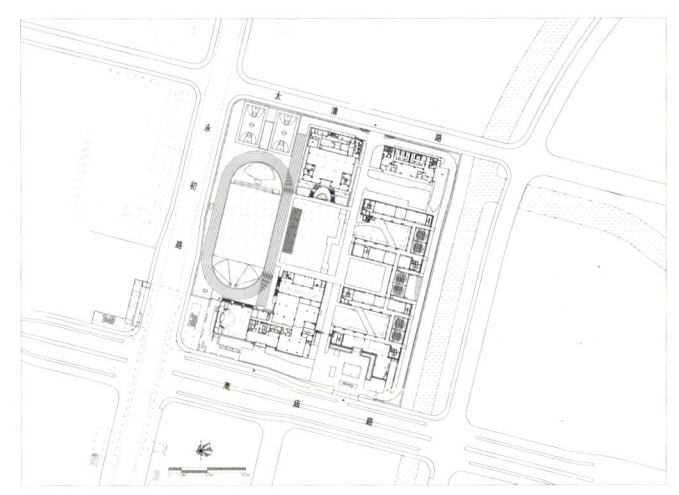

总平面图

设计简介

本项目总体规划设计旨在创造舒适、生态化、人性化的校园空间，形成系统化、有组织的有机架构，整体空间结构可概括为"一轴""一带""二核""三院"。运用现代简洁的建筑语言，表现时代特征，形成艺术、工艺作品的背景。另外，运用具有文创特质的新型建筑材料及学院气质的建筑色彩，并考虑施工的便捷性和气候的耐久性，根据不同使用功能及建筑类型，在一定的基调下，使得每栋建筑风格各具特色。

2号行政办公楼南立面图

2号行政办公楼东立面图

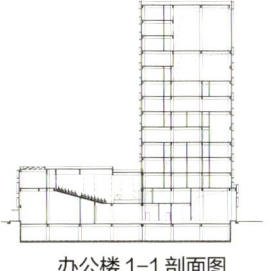
1号教学楼南立面图

1号教学楼南东面图

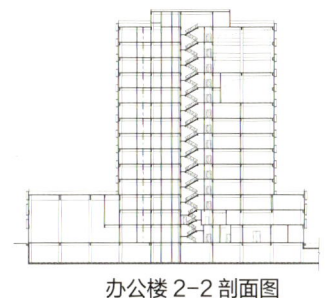
办公楼1-1剖面图

教学楼1-1剖面图

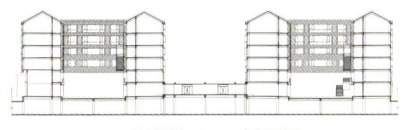
办公楼2-2剖面图

教学楼2-2剖面图

江苏旅游职业学院一期工程

项目类型	公共建筑
设计单位	扬州市建筑设计研究院有限公司
建设地点	扬州市扬子津教科教园
用地面积	565000.00m²
建筑面积	270480.00m²
设计时间	2016.06—2016.09
竣工时间	2017.12
获奖信息	二等奖
设计团队	季文彬　朱爱武　李万卫　韩如泉　夏　炎 张　薇　刘文文　王红梅　戴　远　江海鸣 何莉丽　吴　荣　薛凤飞　焦　阳　丁渝靖

总平面图

设计简介

校园空间布局采取传统书院式格局，在学校东西向主轴线的导引下，以仪式广场为核心布置五大中心，形成校园中心区。沿主轴线南北展开布置学院区和宿舍区，形成纵深布局。校园各建筑群以院落或天井组合，层层叠叠，庭院绿化相互连接，与古运河、凤栖湖城市环境互相渗透结合，成为有机整体。校园内各类服务设施尺度适当，部分空间对外开放，与市民共享。校园以水为脉，将各建筑群分别布置在"岛"上。各建筑群以庭院空间为核心组团式布局，相对独立。

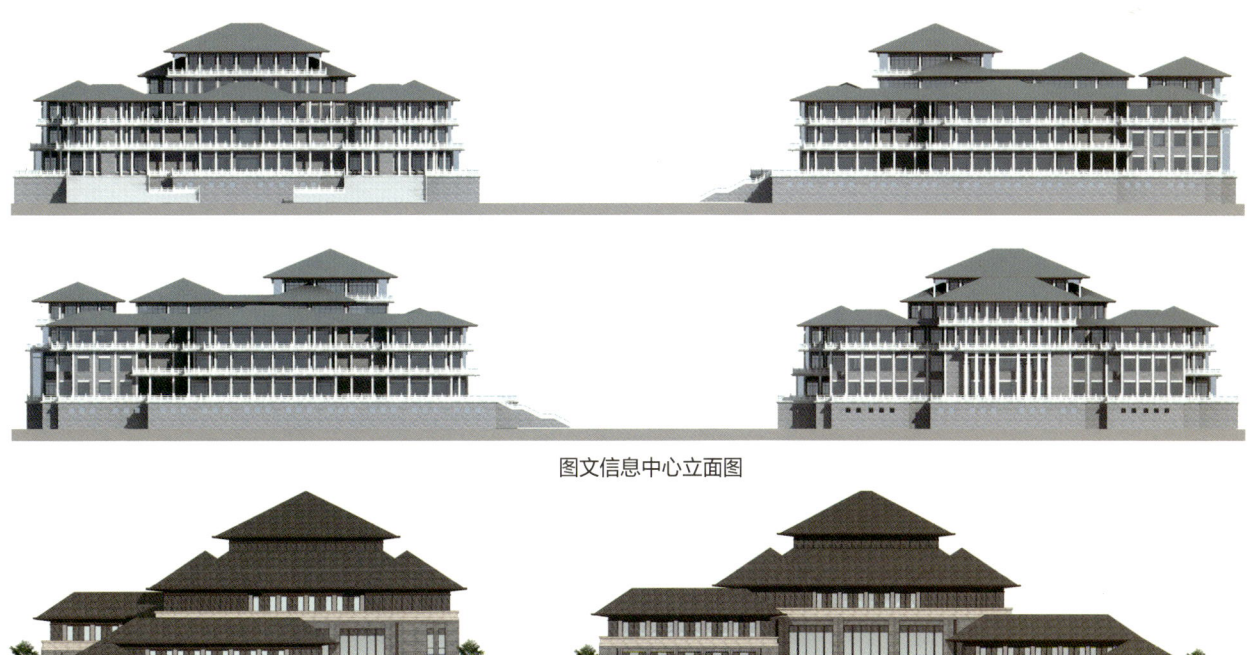

图文信息中心立面图

体育运动中心东立面图　　　　　　　　体育运动中心南立面图

燕子矶新城枣林（钟化片区）中小学项目

项目类型	公共建筑
设计单位	江苏省建筑设计研究院股份有限公司
	东南大学建筑设计研究院（合作）
建设地点	南京市栖霞区燕子矶街道
用地面积	506759.00m²
建筑面积	60872.58m²
设计时间	2018.08—2019.01
竣工时间	2020.06
获奖信息	二等奖
设计团队	汪晓敏　马晓东　陈玲玲　白鹭飞　李林枫
	王晓军　张　坤　殷　岳　赵　飞　黄　潇
	丁　李　寇若拙　王　海　刘　颖　张永胜
	吉卫国　刘兆民　李　峰　陈智敏　姚　文

总平面图

设计简介

本项目以"人文、绿色、特色校园"为设计理念，旨在营造与城市相融合的、与教育理念发展相适宜的校园空间形态与环境。打造立体多层的公共平台，在各个楼层上均能方便各教学功能区通达，容纳不同种类的教学、交往活动，激发有序活泼的学习氛围。项目打造了办学条件优良、育人环境优美、富有地域文化内涵的现代化学校，并提高地块周边城市风貌。本项目的空间创作具有一定代表性，是新型建筑学校语汇典范，将成为南京新城优秀学校的标杆。

| 初中东立面图 | 初中南立面图 | 小学南立面图 | 小学北立面图 |

| 初中西立面图 | 初中北立面图 | 小学西立面图 | 小学东立面图 |

南京市溧水区开发区小学

项目类型	公共建筑
设计单位	南京市建筑设计研究院有限责任公司
建设地点	南京溧水开发区
用地面积	37332.90m²
建筑面积	42249.90m²
设计时间	2018.03—2019.03
竣工时间	2020.05
获奖信息	二等奖
设计团队	朱道焓 罗明辉 陶鹤进 邢大鹏 黄 炎 孙 燕 黄 康 欧燕勤 袁 军 秦 磊 赵福令 吴靖坤 刘长洋 王 心 宫 莺

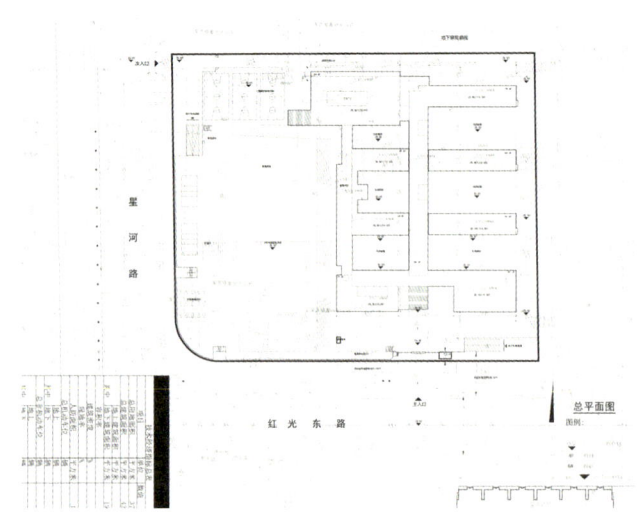

总平面图

设计简介

充分贯彻绿色校园的设计理念，灵活运用多种可持续发展策略，力求实现用能绿色化、用物循环化、用地集约化、环境生态化、交通便捷化。利用地形进行建筑体量与景观绿化布置，以多重活跃的园林空间为师生提供良好的户外休息、思考、交流、学习的活动场所，营造良好的校园学习氛围。通过设置生态长廊给学生课间更多亲近绿色的机会。以多个别具特色的户外空间，以再造山水田园为宗旨，使校园处处有景，别致典雅。

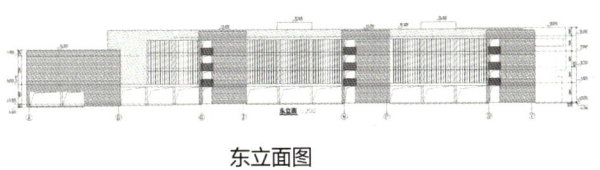

东立面图

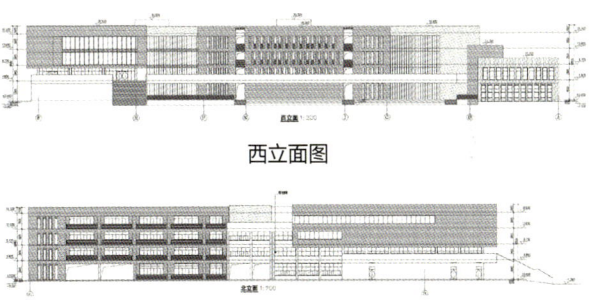

西立面图

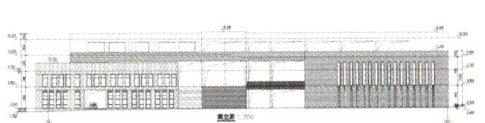

南立面图

北立面图

南京理工大学（江阴校区）国际交流中心

项目类型	公共建筑
设计单位	南京大学建筑规划设计研究院有限公司
建设地点	南京理工大学江阴校区
用地面积	742912.20m²
建筑面积	28401.35m²
设计时间	2018.05—2018.11
竣工时间	2020.04
获奖信息	二等奖
设计团队	廖　杰　陆鸣宇　王蕾蕾　周立山　李　青 董贺勋　丁玉宝　胡晓明　施向阳　董　婧 刘晓捷　施建波　陈长霞　邢自巧　王碧通

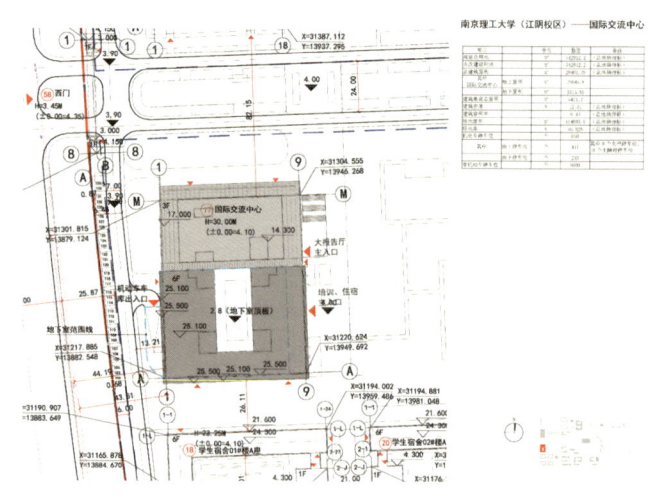

总平面图

设计简介

国际交流中心为新建建筑，位于核心组团西侧，与体育馆共同形成西入口的入口"双阙"掩映在校园的万杉林公园中，由一个"L"形体量构成。设计采取了整合的手法，避免琐碎的体量，将三大中心设计成既分又合的形态。在色彩上提取了南京理工大学老校区的色彩元素"红和灰"，通过红色饰面砂浆、深灰铝板以及浅灰色水泥纤维板的精心搭配，给人稳重、宁静、高雅的感觉，形成独特的建筑表皮效果，并与校园已建成的建筑色彩相协调。

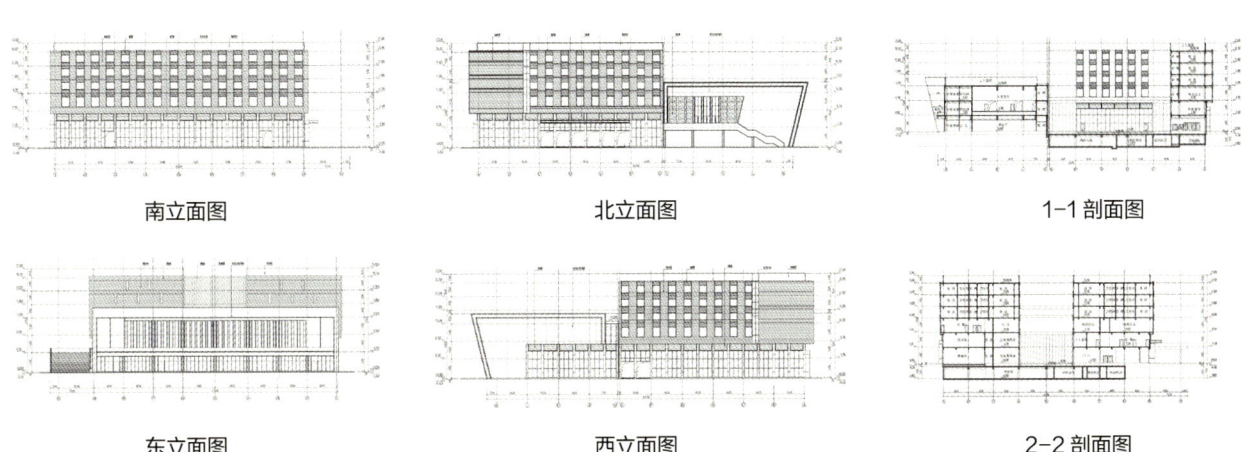

| 南立面图 | 北立面图 | 1-1 剖面图 |
| 东立面图 | 西立面图 | 2-2 剖面图 |

先锋国际广场三期酒店写字楼

项目类型	公共建筑
设计单位	江苏铭城建筑设计院有限公司
建设地点	盐城市先锋岛，小海路西侧，越河南侧
用地面积	96710.90m²
建筑面积	128108.76m²
设计时间	2013.03—2018.12
竣工时间	2020.06
获奖信息	二等奖
设计团队	夏伯宏　张　忠　张仁斌　杨春宇　唐海毅 马金明　董　闽　蒋爱国　张丽莉　姜　沛 姜正胜　宋　兵　丁　玉　沈星浩　黄春华

总平面图

设计简介

作为盐城市最高建筑，项目在城市中具有标志性地位。项目集星级酒店、会议、餐饮、办公于一体，具有面积大、功能复杂、空间尺度大等特点。建筑顶部造型独特，具有强烈标志性。中庭空间循环流动，富于变化。在建筑主体体量划分上以硬朗英挺竖向线条为主要元素，突出表达建筑的高度和现代风格。将盐城地域文化特点之一的海盐文化融入设计中，建筑顶部的不规则的几何造型便是由海盐的晶体形状演变而来。建筑中间由上而下的金色水流状的幕墙设计，更是寓意着海盐精神文化的代代相传。此外还融入低碳环保的绿色理念，使用高效节能的建筑材料，设计空中花园、屋顶绿化等现代绿色建筑系统彰显本建筑在绿色环保方面的卓越品质。

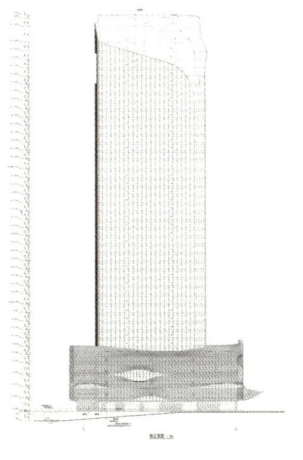
南立面图

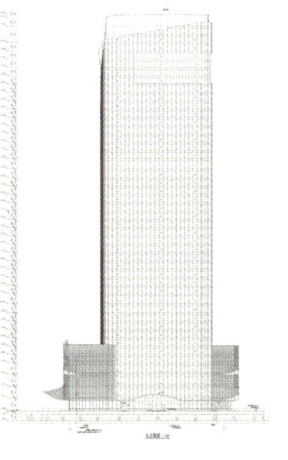
北立面图

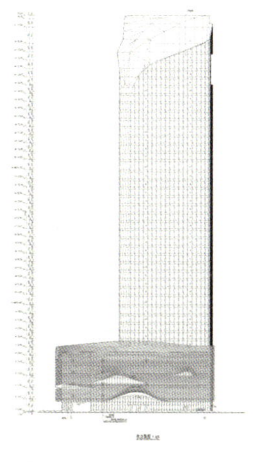
东立面图

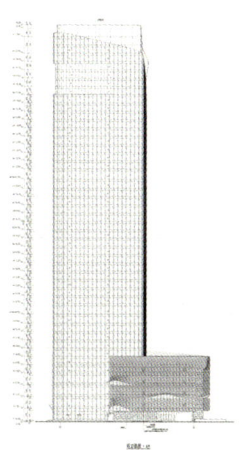
西立面图

XDG-2006-54号地块蓝湾二期（商业1号房）

项目类型	公共建筑
设计单位	江苏博森建筑设计有限公司
	上海加合建筑设计事务所（合作）
建设地点	无锡市滨湖区
用地面积	154468.00m²
建筑面积	26652.00m²
设计时间	2017.12—2018.03
竣工时间	2019.06
获奖信息	二等奖
设计团队	徐 钢　郑小红　李 霞　周 斌　陈 超
	邵海涛　杨庆武　柳传艳　邵明伟　张 艳
	费 宁　陈 强　解天一　陈锡斌　朱 文
	戴 磊　徐青青　朱新竹　蒋蕴倩　唐明悦

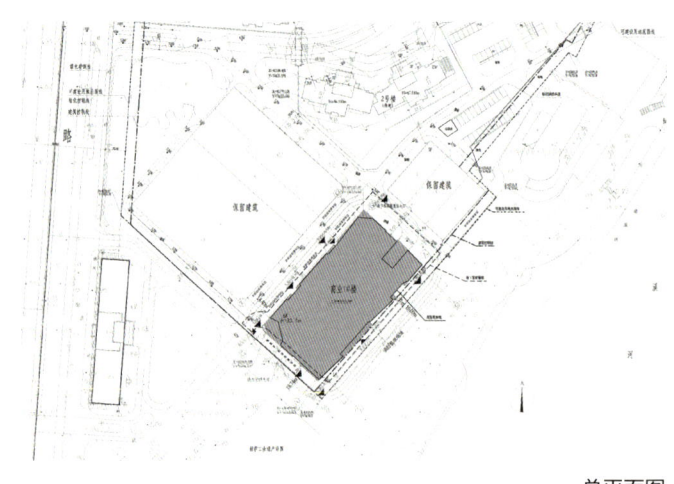

总平面图

设计简介

本项目总体规划结合现状地形及周边环境特点，合理布局商铺业态，遵循"以人为本""亲近自然"的设计理念，打造一个配套完善、环境优美、建筑类型丰富的综合体。在设计中采用新思路、新手法而着重体现规划的先导性，合理设定功能布局，创造生态绿化的健康空间，创造人性自然的场所。设计以家庭为主题，综合休闲和餐饮，以倡导精致生活为导向，注重自然环境与人文环境的融合。

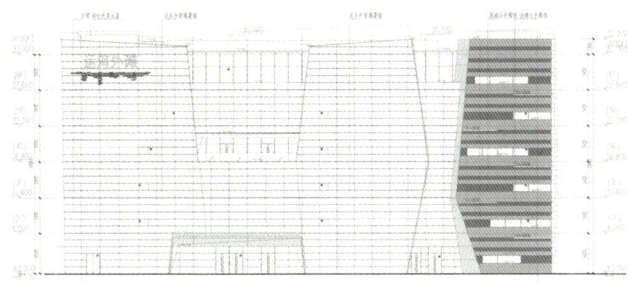

1-9 立面图

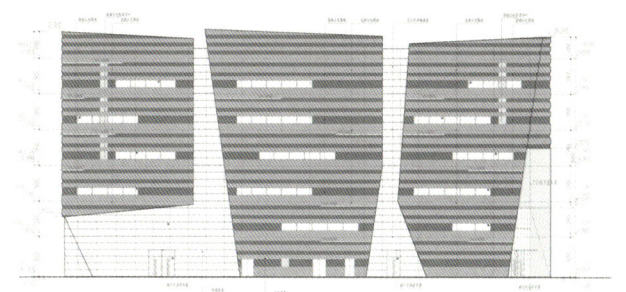

9-1 轴立面图

淮安国联医疗卫生服务中心

项目类型	公共建筑
设计单位	江苏美城建筑规划设计院有限公司
建设地点	淮安清江浦区
用地面积	15541.00m²
建筑面积	35641.10m²
设计时间	2017.12—2018.10
竣工时间	2020.04
获奖信息	二等奖
设计团队	陈中宏　徐东斌　李志鹏　宋建成　徐　磊
	王章峰　丁　成　陶泳维　王　建　徐正雷
	唐双全　韩立慧　赵迎春　蒋　静　刘宏宁

总平面图

设计简介

项目致力于打造精品卫生服务中心，精致规划，充分营造亲近自然环境的空间。在项目经济性要求的前提下，建筑设计应具有鲜明的时代特征，充分体现最新建筑高科技的发展水平。以科技为导向，强调其在建设、管理和生活中的应用，注重楼宇自动化和信息化，采用人流相对分流的交通组织方式，采用地面生态停车和地下汽车库。

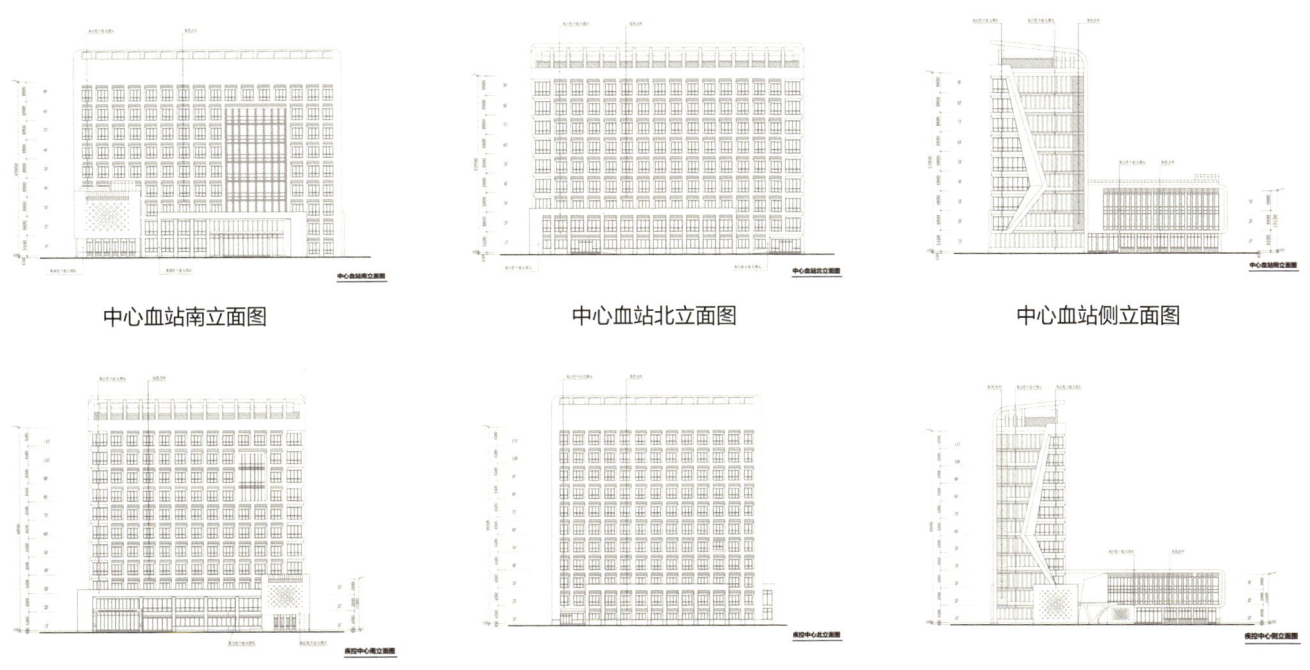

中心血站南立面图　　中心血站北立面图　　中心血站侧立面图

疾控中心南立面图　　疾控中心北立面图　　疾控中心侧立面图

苏地2016-WG-10号地块项目（东原千浔）

项目类型	城镇住宅和住宅小区
设计单位	启迪设计集团股份有限公司 上海齐越建筑设计有限公司（合作）
建设地点	苏州市相城区黄元路北、旺湖路西
用地面积	69900.00m²
建筑面积	174000.00m²
设计时间	2016.09—2016.12
竣工时间	2019.01
获奖信息	二等奖
设计团队	苏 鹏　王 颖　臧豪群　章 瑜　王 威 董 辉　丁正方　张 慧　毛国辉　刘 莹 张志刚　孔 成　邵 嘉　孙 文　徐 辉

总平面图

设计简介

根据基地现状，最大限度地利用周围自然景观，结合小区内部景观设计，创造小区内丰富的空间层次，提高绿化率和景观品质，达到人与环境的有机结合，创造生态的宜居。重视小区内总平面规划，形成建筑布局的差异性。尤其重视地块规划中的空间秩序和体量控制，创造起伏变化的建筑群体效果。重视建筑的外立面设计，依靠建筑形体的变化和立面材料质感，创造出独特有机的视觉效果。充分考虑客户需求和经济承受能力，重视户型设计的合理性和经济性，特别注意地方的特点和需求。完备、合理、适用的配套设施，结合得天独厚的景观资源，打造生态宜居的高端居所。

洋房立面图

高层南立面图

高层北立面图

苏地2017-WG-1号地块项目（银城原溪）

项目类型	城镇住宅和住宅小区
设计单位	启迪设计集团股份有限公司
	上海致逸建筑设计有限公司（合作）
建设地点	苏州市姑苏区北环路南、玖园小区东
用地面积	19500.00m^2
建筑面积	37200.00m^2
设计时间	2017.09—2018.12
竣工时间	2019.11
获奖信息	二等奖
设计团队	丁茂华　沈　晨　颜新展　陆蕴华　卞克俭 陆　虎　陈宇申　叶永毅　张　鑫　马　琦 周　珏　方　洲　汤若飞　邹　钱　金晓芸

总平面图

设计简介

建筑与场所的层层拓扑关系，成为该项目最为别致的亮点。从社区中心到叠拼再到合院空间，通过起承转合的空间格局弱化建筑体量感，强化身在其中的氛围感，由此"大院—小院—私院—屋"的设计理念应时而生，这也与营造私密空间、半私密空间、半开放空间与开放空间有着密切的关联。作为舒适性单元，每一个身处"屋"的居住者都能看到属于自家的院子，这也是现代都市中的一种居住理想。住宅组团以巷坊的形式，传承苏派民居精髓，诠释当代苏州城市生活的里巷情怀，开启崭新的墅居生活。

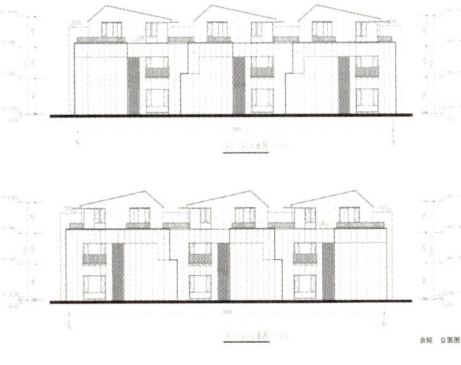
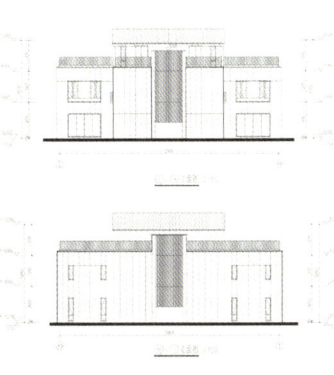

立面图　　　　　　　　　　　　　　　立面图

苏州工业园区DK20130169地块项目（铜雀台）

项目类型	城镇住宅和住宅小区
设计单位	启迪设计集团股份有限公司
	上海日清建筑设计事务所（有限合伙）（合作）
建设地点	苏州工业园区东延路以北、石莲街以东
用地面积	145200.00m²
建筑面积	209900.00m²
设计时间	2017.02—2019.04
竣工时间	2019.07
获奖信息	二等奖
设计团队	杜晓军　宋　怡　宋照方　汤佳文　范静华
	张海纯　姚　芳　刘　予　陈　栋　钱　喆
	陈德堃　施澄宇　宋鸿誉　张　帆　朱　峰
	蔚玉路　徐　辉　潘小波　李俊超　罗　曦

总平面图

设计简介

考虑到项目的地理位置，设计以一种整体而有特色的设计手法，形成一个具有标志性的城市社区。设计具有先进住宅理念的有特色、高品质、宜人和谐的国际化居住社区，体现新世纪地区住宅建设的新水平、新形象。设计在注意到不同类型住宅这一多元特征的同时，追求基地范围内空间形态、建筑的整体协调，实现社区资源整合和环境和谐。设计从功能、布局、开发周期等多角度考虑，对主题理念、开发策略进行演绎，在符合项目规划定位的同时满足实际操作所需的相应商业性目标。

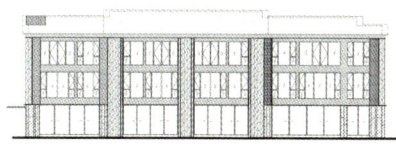
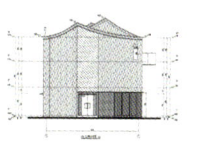
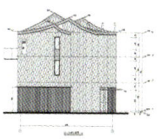

南、北立面图　　　南、北立面图（无格栅）　　　东、西立面图

东盛阳光新城住宅小区

项目类型	城镇住宅和住宅小区
设计单位	连云港市建筑设计研究院有限责任公司
建设地点	连云港市海州区
用地面积	68400.00m²
建筑面积	211900.00m²
设计时间	2017.08—2017.12
竣工时间	2019.09
获奖信息	二等奖
设计团队	周屹 祁冬平 朱伟 刘兰刚 王丽芳 胡碧琴 朱光睿 葛伟 王伟 张通 于涌杰 胡芹 潘晓亮 王亮 王永鑫

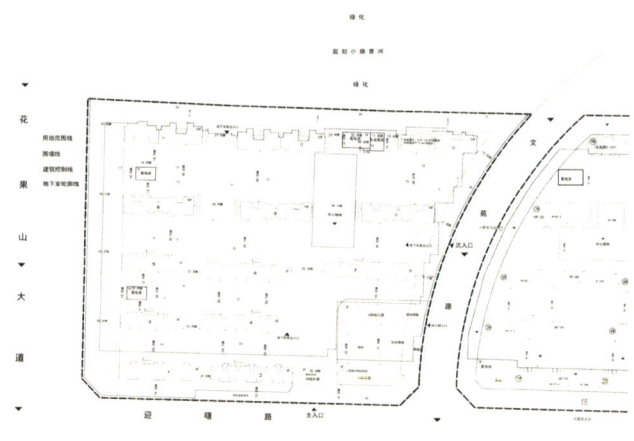

总平面图

设计简介

为了延续城市的肌理，贯彻新城总体规划结构，充分利用土地，同时充分考虑良好朝向，项目形成了和谐、有机的城市空间形态。规划结构"一心、一环、二轴、三组团、多点"，建筑形体南低北高、建筑沿周界排布以形成良好的内部空间、组团空间。充分考虑沿花果山大道的城市景观界面，以及避免对东侧花果山的景观遮挡，小区南侧布置大面积多层建筑；最北侧沿小烧香河布置一排32F高层住宅；中间布置一排18F高层住宅，建筑从南向北高度递增；东南角布置综合楼与幼儿园。小区整体景观空间根据空间布局大致分为两级：中心公共空间，院落组团空间。设计方案通过建筑围合内部公共绿地，运用步行道、广场、植物等要素，创造小区内丰富的居住环境，形成小区高品质公共景观空间。

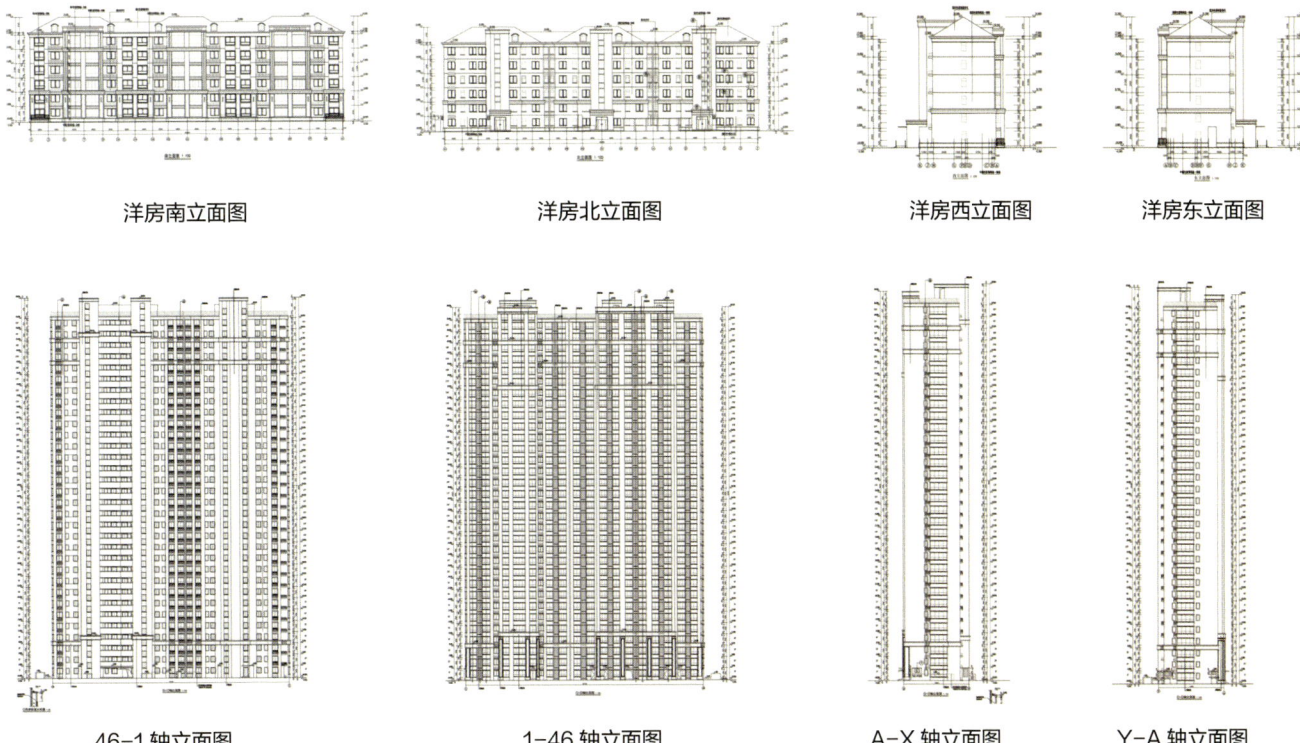

| 洋房南立面图 | 洋房北立面图 | 洋房西立面图 | 洋房东立面图 |

| 46-1 轴立面图 | 1-46 轴立面图 | A-X 轴立面图 | Y-A 轴立面图 |

铂悦府住宅小区一期工程

项目类型	城镇住宅和住宅小区
设计单位	连云港市建筑设计研究院有限责任公司
建设地点	连云港市科苑路以东、金辉路以南、学林路以西
用地面积	101800.00m²
建筑面积	290000.00m²
设计时间	2017.10—2018.08
竣工时间	2019.08
获奖信息	二等奖
设计团队	周 屹　尚祖朕　胡翠欣　朱 伟　乔文珏 张 伟　刘兰刚　王 伟　张 通　葛 伟 徐维兴　潘晓亮　王 亮　陈 俊　王丽芳

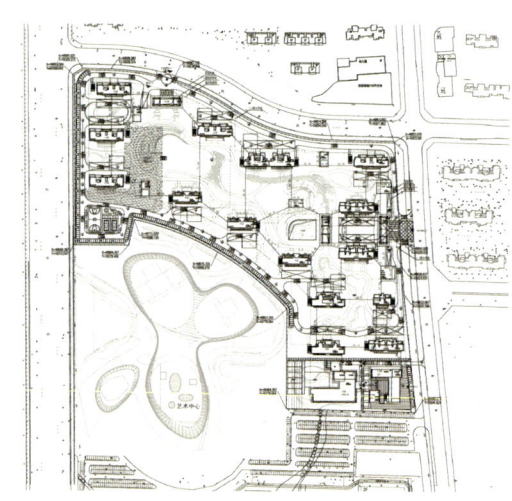

总平面图

设计简介

规划布局突破了传统住区的单一性和机械性，充分考虑本项目地处连云港地区的特殊性，整体性的设计理念贯穿在项目设计的始终。运用韵律延续、轴线贯穿、弧线呼应等手法，使小区空间大小有序，有集体的共享空间，也有相对独立的亲情交流场所。以建设森林公园居住环境为目的，创造一个布局合理、功能齐全、交通便捷，具有独特的形象与环境景观的居住园区。以设计为主导，利用园区的周边环境，精心设计打造成人儿童游戏嬉戏场地等设施。为小区的居民提供贯穿终生的全方位的健康设施，使健康的生活方式成为可能，也使"运动、健康"成为小区鲜明的特色。

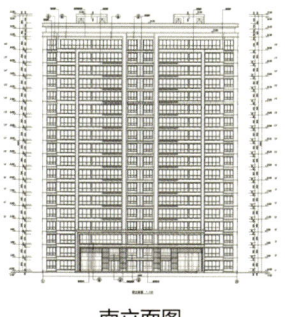

南立面图

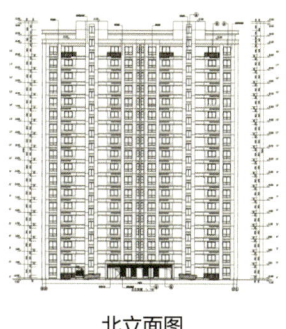

北立面图

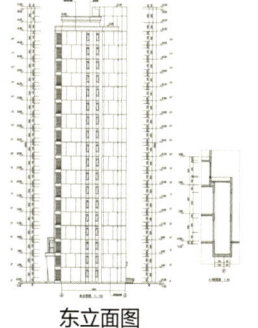

东立面图

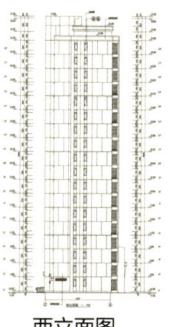

西立面图

湖滨嘉园二期剩余地块（路劲·太湖院子）

项目类型	城镇住宅和住宅小区
设计单位	江苏筑森建筑设计有限公司
	上海水石建筑规划设计股份有限公司（合作）
建设地点	常州市武进区
用地面积	207800.00m²
建筑面积	297000.00m²
设计时间	2017.08—2018.03
竣工时间	2019.12
获奖信息	二等奖
设计团队	彭伏寅　朱鲜红　殷　晨　马　丹　华　伟
	梅冬杰　朱佳铭　张建新　朱小武　孙　超
	高乔湘　徐彦鹏　周志伟　吴　凯　王　伟

总平面图

设计简介

项目毗邻风景优美的西太湖，挖掘常州传统的里坊街道意向，结合现代规划逻辑与理念，重塑具有深厚文化底蕴的里坊空间，打造高品质新中式纯墅区大盘。本项目规划逻辑清晰，层次明确，以理性的规划排布，塑造丰富多变的组团间、组团内的里坊街道空间，并与基地内部天然河流结合，构筑完美生活样本。本项目在主入口位置规划设计高品质会所兼前期销售中心，以多院多进的面貌呈现，结合静谧的景观设计，富有艺术气息。

立面图

立面图

扬州城市之光（扬州879地块工程项目）

项目类型	城镇住宅和住宅小区
设计单位	江苏筑森建筑设计有限公司
建设地点	扬州市联谊路以东
用地面积	95275.00m²
建筑面积	208300.00m²
设计时间	2017.05—2017.07
竣工时间	2020.04
获奖信息	二等奖
设计团队	彭伏寅　程晓理　王云如　邵玲琪　叶路明 尹银雷　罗　立　刘建东　糜彰健　张唯书 田　斌　郝　恺　陶　炜　黄　飞　王　伟

总平面图

设计简介

规划中共享开放社区邻里中心，邻里中心是社区文化、生活的中心，结合商业与城市书房理念，满足日常生活需求的同时引导多种生活方式，给业主或周围的居住者提供一个充满活力，愿意在此驻足停留的交流场所和共享公共空间。项目尊重原有城市肌理及河景资源，创造一个人们可以枕河而居，滨水而行，前街后河的人性化街坊水巷肌理。并将河景资源延伸至小区内部，打造一条景观中轴线，贯穿场地东西，联系邻里中心、景观大道、开放河滨公园，让整个空间具有整体感，形成一轴一带一环的规划形态。

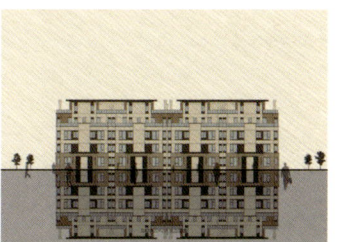

1号、2号、3号立面图　　　　　　　　　　　　　　10号、11号、20号、21号立面图

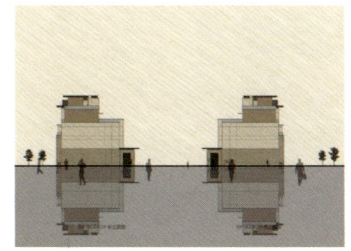
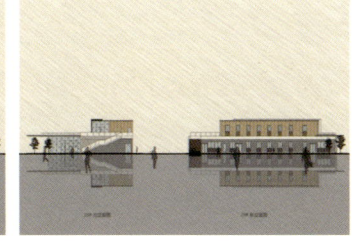
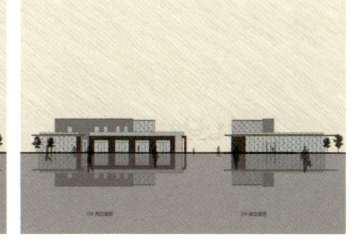
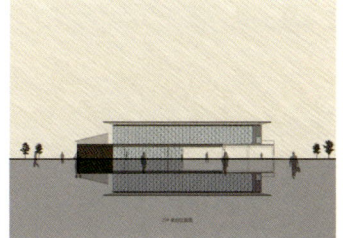

10号、11号、20号、21号立面图　　　　　　　　　　29号立面图

NO.2016G59地块项目

项目类型	城镇住宅和住宅小区
设计单位	南京金宸建筑设计有限公司
建设地点	南京市江宁区麒麟科创园
用地面积	67800.00m²
建筑面积	248500.00m²
设计时间	2017.05—2017.07
竣工时间	2020.04
获奖信息	二等奖
设计团队	丁奂　潘可可　赵璐　韩伟　任留华 崔远奇　黄晨峰　孙亚萍　顾晓星　吕静静 徐维敏　耿天　张业宝　李建　蒋轶

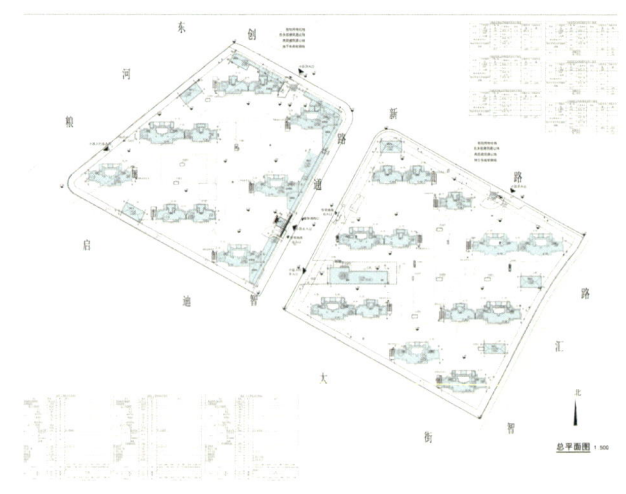

总平面图

设计简介

综合考虑环境设计与建筑设计的和谐关系，营造休闲、高雅的高品质生活社区，以具有浓厚南京特色的传统文化为根基，以建设生态型居住空间环境为规划目标，满足住宅的居住性、舒适性、安全性、耐久性和经济性，创造一个布局合理、功能齐全、交通便捷、环境优美的现代生活区。突破居住建筑固有的建筑外观，采用现代新亚洲风格，以一种优雅而谦逊的姿态融入南京麒麟区域简约、典雅、亲近、自然的总体氛围中。

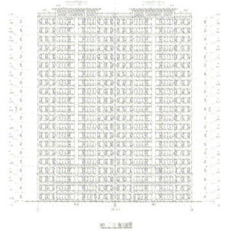   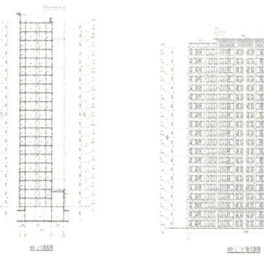 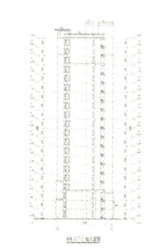

A04 1-38 轴立面图　　A04 38-1 轴立面图　　A04 H-A 轴立面图　A04 1-1 轴立面图　B09 1-31 轴立面图　B09 A-U 轴立面图

璞樾和山
[劳动东路北侧青洋路西侧（DN040212）地块项目]

项目类型	城镇住宅和住宅小区
设计单位	江苏筑森建筑设计有限公司
建设地点	常州市天宁区
用地面积	83179.00m²
建筑面积	251130.85m²
设计时间	2018.01—2018.03
竣工时间	2019.11
获奖信息	二等奖
设计团队	程晓理　狄永琪　张玉江　糜彰健　邹立扬 孙　军　吴　燕　祝　佳　吴艳萍　周　铭 姜叶涛　王鑫林　黄　飞　蔡佳辉　许鹏飞

总平面图

设计简介

住宅作为最基本的居住空间单位，其主要功能在于为居住者提供舒适、健康、私密和适于居住的场所，是居住行为最基础的表达，它的量化指标反映了当地居住水平的高低。设计认为居住水平的质量标准体现在住宅上应该有两个方面的含义：一是量化标准，即居者有其屋，反映人均居住面积的大小，这是最基本的东西；二是品质标准，应实现居住本身的全部内涵和外延，实现城市居住的生活思想，提高住宅设计的科技含量，大力推广新技术、新工艺和新设备，倡导有利持续发展的绿色生态住宅。

11号南立面图　　　　　　　　　11号北立面图　　　　　　　　　11号东、西立面图及剖面图

苏州昆山高新区马鞍山路北侧江浦路东侧项目

项目类型	城镇住宅和住宅小区
设计单位	苏州中海建筑设计有限公司
建设地点	昆山马鞍山路北侧江浦路东侧
用地面积	63918.40m²
建筑面积	194000.00m²
设计时间	2018.02—2018.04
竣工时间	2020.05
获奖信息	二等奖
设计团队	陈贻福　叶泽平　常生刚　骆小忠　沈华伟 张　建　饶宇文　唐克明　金吉雨　梁海勇 张跃平　韩振宇　蒋蓓蕾　李长河　孙增华

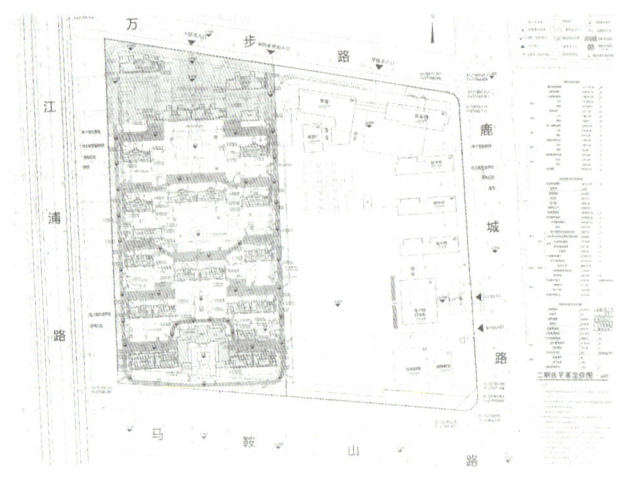

总平面图

设计简介

项目体现"以人为本"的规划设计思想，力求整个小区功能布局合理、用地配置恰当、结构清晰、整齐有序，创造一个良好的居住环境和学习环境，充分发掘地块经济优势，提高土地开发的经济性和土地利用率。小区规划设计充分利用其自然条件，同时填补地块所存在的不足点，最大限度地创造人与自然沟通的环境空间，满足现代人健康生活和学习的需要。内部以中心景观轴为核，加以延伸进架空层的绿地，使整体上呈现"宜人、亲绿"的环境格局。住区造园和学校绿化环境设计充分尊重和发掘人性对"美"和"自然"的渴求，利于人的进入和参与。

1号轴立面图   1号轴立面图

雨花中海城南公馆（NO.20117G43地块项目）

项目类型	城镇住宅和住宅小区
设计单位	南京长江都市建筑设计股份有限公司
建设地点	江苏省南京市雨花台区铁心桥街道龙西路
用地面积	68682.05m²
建筑面积	240384.63m²
设计时间	2018.03—2018.10
竣工时间	2020.05
获奖信息	二等奖
设计团队	史蔚然　项　琴　刘　辉　常飞虎　范玉华 储国成　江　韩　邹　敏　朱　凡　董俊臣 陆　彭　周　瑶　樊志韬　郑　添　王亚威

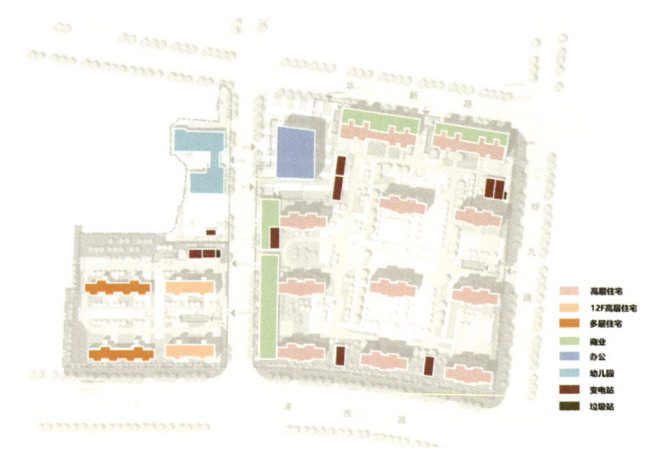

总平面图

设计简介

项目规划设计充分引入"换新主城，名门尊府"的理念，打造层层递进的仪式感。立面设计采用新中式风格，融入传统中式符号，呼应南京古都气质，同时注入现代气息。项目旨在打造民国遗韵、蕴含梅花情结的典雅公馆，通过对梅花姿态及其意境的提取，形成"一环、三域、五园、十二庭院"的院落布局，打造"梅与雅"的核心景观轴线，营造别致的新中式休闲空间。项目设计遵循海绵城市的生态优先原则，采用工业化新工艺，倾力打造绿色低碳健康小区。项目倡导"健康住宅，智能家居"的室内设计理念，采用智能化系统，于2020年1月取得绿色二星标识。

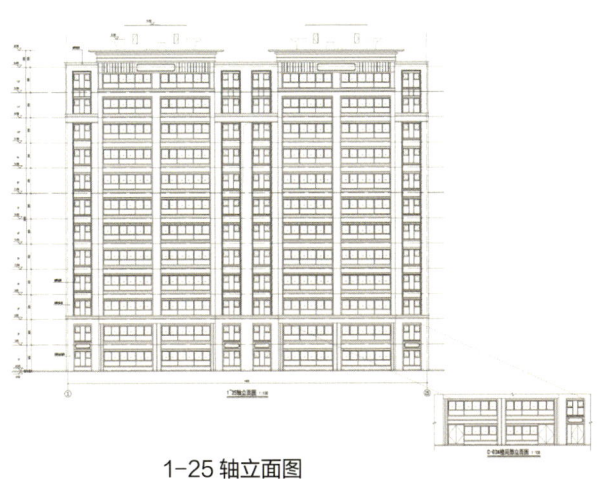

1-25 轴立面图

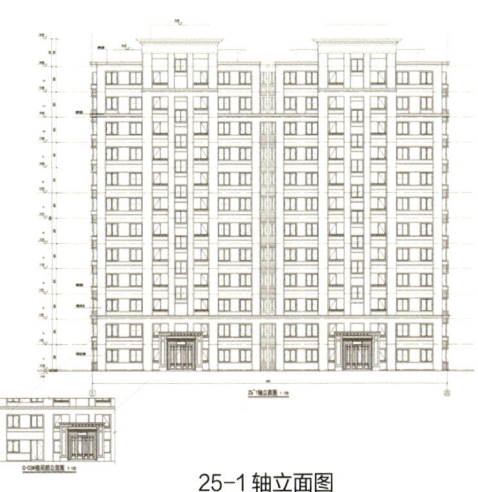

25-1 轴立面图

苏地2016-WG-43号地块

项目类型	城镇住宅和住宅小区
设计单位	苏州华造建筑设计有限公司
	汇张思建筑设计咨询(上海)有限公司(合作)
建设地点	苏州姑苏区运河路东、西园路北
用地面积	41500.00m²
建筑面积	89000.00m²
设计时间	2017.08—2018.03
竣工时间	2020.01
获奖信息	二等奖
设计团队	张伟亮　韩　喆　刘业鹏　张海国　陈劲丰
	肖朝军　张晓刚　倪瑞源　陈　龙　罗传招
	李红岩　王诗尧　葛舒怀　刘　宁　李会龙

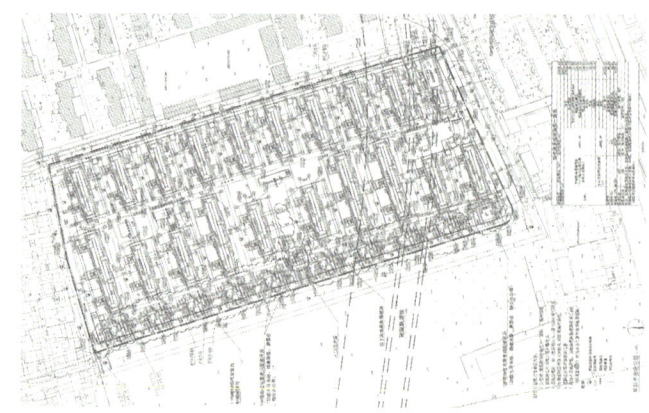

总平面图

设计简介

本项目旨在通过人性化的设计理念营造出一个别具一格的温馨、自然的城市生活社区，在建筑风格及环境设计方面营造浓厚的人文气氛，满足高档次高品位的居住需求。人在生理与心理上对居住的综合要求愈来愈高，项目努力实现人性化居住，以新的居住理念规划住宅区内外空间，实现均好、流畅、交流、环保的效果。人与自然息息相关，实现人与自然的和谐，营造出功能性与观赏性相统一的社区环境，使住区更具可持续发展性。与此同时，一个人文的社区也是不可或缺的，文化上的认同感使得住户获得心理上的归属感。

25-1 立面图

1-25 立面图

时代中央社区4号地块工程

项目类型	城镇住宅和住宅小区
设计单位	苏州越城建筑设计有限公司 亚来（上海）建筑设计咨询有限公司（合作）
建设地点	江苏省昆山市
用地面积	39400.00m²
建筑面积	127000.00m²
设计时间	2016.04—2016.06
竣工时间	2020.01
获奖信息	二等奖
设计团队	吴建荣　刘德佐　董得恩　沈　亮　李　冬 李　涛　季冬琴　刘海强　刘桂贤　梅美红 赵海波　尤良凯　马　飞　盛宇朝　姚文强

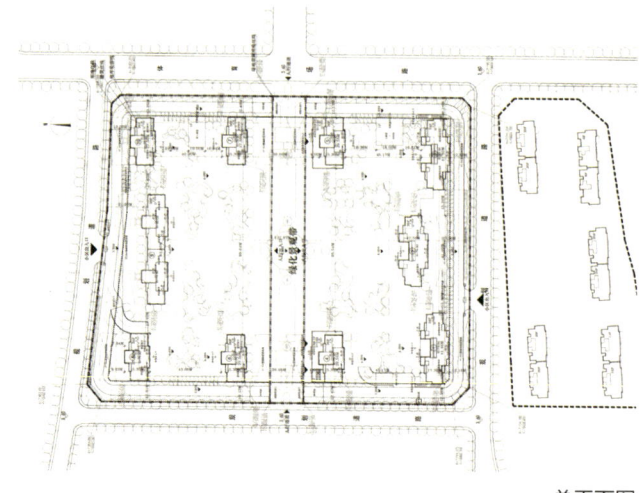

总平面图

设计简介

设计从使用（功能配置）与空间（视觉感受和体验）两个层面提升社区的整体品质。它不但体现对自身楼盘住户的关怀，同时在规划之初就将"和谐自然"的理念融入其中，把和周边小区的和谐融合作为设计的重要原则。整个小区由简洁明快、典雅高贵的新古典建筑风格组成，公建化、整体大气的立面既能与地块周边的其他建筑共生共融，也能以严谨的构图比例和丰富精致的细部营造出高品质的住宅建筑，形成整体协调又不失变化丰富的建筑群。建筑形体规整、朴实、大气、严谨，构筑出丰富的都市天际线，外立面以大面积的玻璃窗和浅黄色系真石漆和干挂石材为主，比例现代工整，强调韵律与节奏。

6号、7号、8号、10号南、北立面图　　　　　9号南、北立面图

江宁区梅龙湖西侧地块（NO.2017G21）

项目类型　城镇住宅和住宅小区
设计单位　南京长江都市建筑设计股份有限公司
建设地点　南京市江宁区
用地面积　93700.00m²
建筑面积　178700.00m²
设计时间　2017.07—2018.01
竣工时间　2020.05
获奖信息　二等奖
设计团队　彭　婷　周　健　向　彬　昌文彬　顾春雷
　　　　　　江　丽　杨承红　袁　芝　王流金　赵　翔
　　　　　　卢吉松　邢　飞　徐　剑　赵斌华　栗秀红

总平面图

设计简介

小区东侧为梅龙湖水库，为享受较好的水库景观，小区东侧布置6层的多层住宅，西侧布置小高层，最大可能地利用了场地外的自然景观。同时项目根据场地要求和地形特征，以中心景观核组织整个小区的空间布局。项目用地较方正，基地内住宅楼及小型配套公建沿区内四周分散布置，建筑物沿场地进行布置，每户均满足日照要求，且景观视野颇佳。项目建筑外立面结合周边建筑特色和周边环境，采用文化砖及石材饰面，局部加以线脚及香槟色金属构件装饰，形式简洁大方，富有时代特征。

1-25 轴立面图

1-34 轴立面图

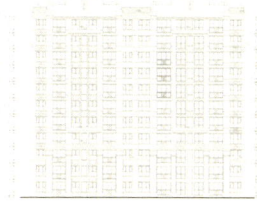

1-35 轴立面图

25-1 轴立面图

34-1 轴立面图

35-1 轴立面图

盐城中海万锦南园

项目类型	城镇住宅和住宅小区
设计单位	南京市建筑设计研究院有限责任公司
建设地点	盐城市城南新区胜利路东、蓝海路北
用地面积	73200.00m²
建筑面积	219700.00m²
设计时间	2017.03—2017.06
竣工时间	2019.10
获奖信息	二等奖
设计团队	薛　景　尤　优　施英骑　孙　燕　丁苏煌 赵红云　李家佳　陆国纲　陆亚明　陈　铁 陈文杰　周　娜　葛永梅　戴　斌　刘雨鑫

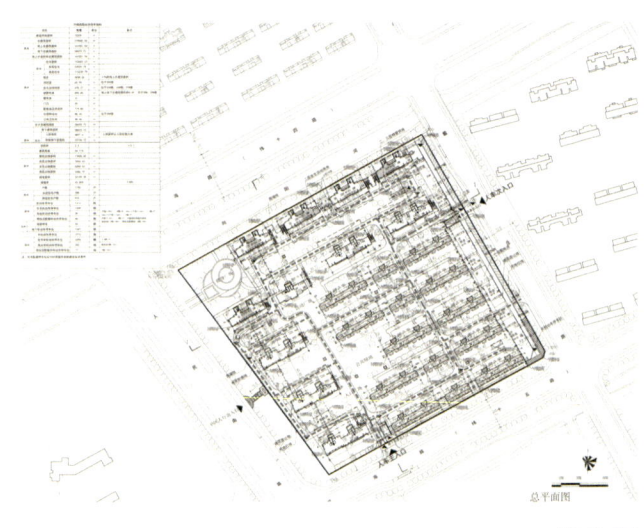

总平面图

设计简介

项目以一个全新的概念创造一个别具一格的居住小区，在最大可能地为城市的生活做出积极贡献的同时，满足高档次、高品位的生活需求。设计时注重用地分配、交通组织、防火安全、卫生防疫、环境保护、节约能耗、抗震设防等重要原则，采用新而可靠的技术、材料、结构形式和设备。以基地自身特质为出发点，使地块规划设计既满足业主的开发意向，又符合更高层次的规划要求，成为城市有机的组成部分，力求提高居住环境质量，强调环境资源利用的均好性。

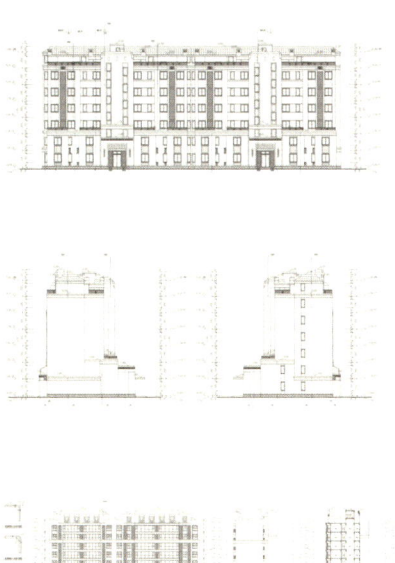

1号南立面图

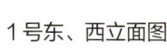

1号东、西立面图

21号立面、剖面图

21号立面、剖面图

中鹰黑森林（盐都）

项目类型	城镇住宅和住宅小区
设计单位	盐城市建筑设计研究院有限公司 Baumschlager Eberle建筑事务所（合作）
建设地点	盐城市盐都区
用地面积	25896.00m²
建筑面积	136878.00m²
设计时间	2017.08—2017.10
竣工时间	2020.06
获奖信息	二等奖
设计团队	王伟　王敏　周江　陈燕　江俊猛 唐洪生　张杰　张海林　商兆华　陈胜 杨标　吴亚军　蔡万军　戴凤平　谢龙飞 施韬　黄亚艳　黄郡　孙建成　范汉柏

总平面图

设计简介

规划以建筑的体量和朝向作为设计的切入点，巧妙地结合地形，布置了三栋不同平面形态、不同高度（27F、28F、30F）的阶梯式高层塔楼，沿用地边界自由展开。三栋塔楼底部由一个共同的2层裙房相连，既有机整体，又动感流畅，同时景观均好性得到了较好的体现。在一个以空间、张力与活力为特征的盐城新区，不同高度的阶梯式塔楼突出了城市空间的动感，并与相邻的公寓对话，形成形态各异的三维品质。

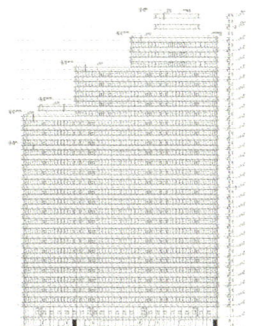 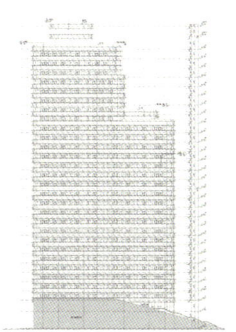 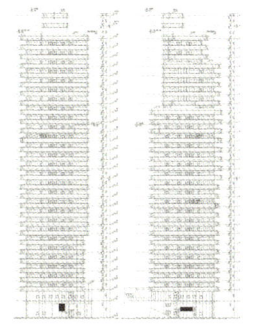 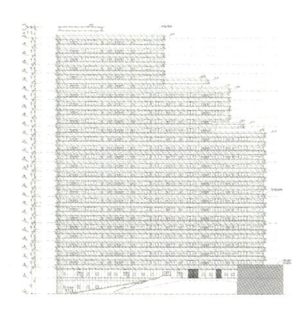 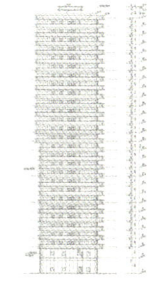

轴立面展开图

南京地铁 4 号线金马路站上盖物业北地块

项目类型	城镇住宅和住宅小区
设计单位	江苏省建筑设计研究院股份有限公司
	上海日清建筑设计有限公司（合作）
建设地点	南京市栖霞区
用地面积	70300.00m²
建筑面积	167200.00m²
设计时间	2016.01—2016.12
竣工时间	2019.08
获奖信息	二等奖
设计团队	汪晓敏　徐震翔　陈玲玲　宋照方　张　坤
	王晓军　张　蕾　翟毓卿　顾利明　朱　超
	刘　杰　李林枫　王宇明　徐　徐　张永胜
	蔡德洪　殷　岳　夏明浩　卞　捷　张　强

总平面图

设计简介

建筑整体布局顺应地形，沿地块南北向依次布置三列住宅，这充分提高了土地的利用效率。住宅和商业朝向均为南北向。整体高度错落有致，一方面可以减少建筑对城市道路的压迫感，另一方面让整体建筑形象更有层次感。建筑中间是小区的中心景观区，景观区由南及北贯穿整个小区，并延伸进入住宅楼之间的景观场地，这让小区的景观设置更加均衡。地块的南侧设置了多层公寓、商业，将安宁的居住小区与繁闹的交通枢纽划分开来，充分发挥了城市道路的商业价值，顺应沿地铁方向来往人流的商业需求。

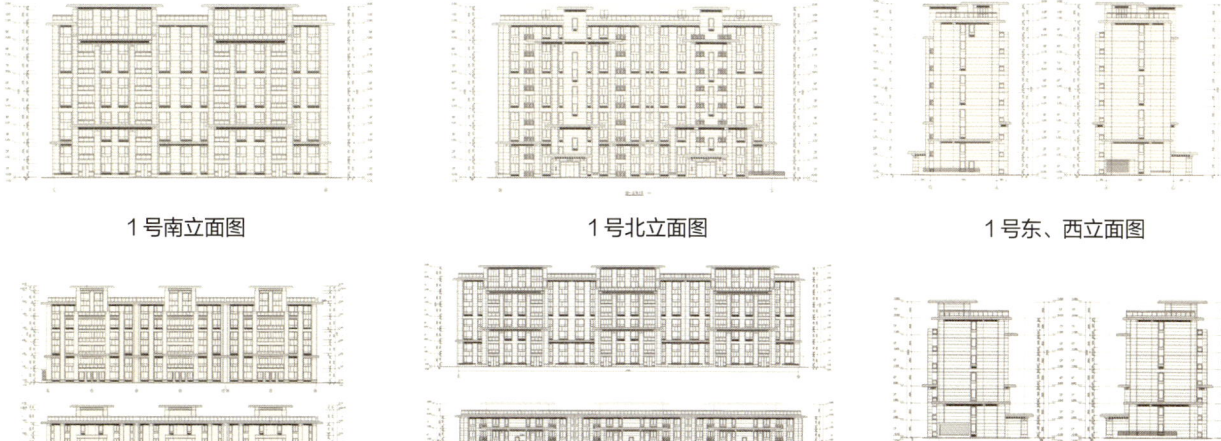

| 1号南立面图 | 1号北立面图 | 1号东、西立面图 |

| 3号南、北立面图 | 19号南、北立面图 | 19号东、西立面图 |

璞玥风华（苏地2016-WG-72号）

项目类型	城镇住宅和住宅小区
设计单位	苏州科技大学设计研究院有限公司
建设地点	苏州市高新区浒关镇
用地面积	94500.00m²
建筑面积	189100.00m²
设计时间	2017.04—2017.10
竣工时间	2019.08
获奖信息	二等奖
设计团队	陆晓华　王　猛　朱钰林　苗丹丹　周　杰 黄敏键　丁　蕾　汤晓峰　张麟佳　单欧文 王　慧　张盼盼　李文霞　张晗晔　李永超

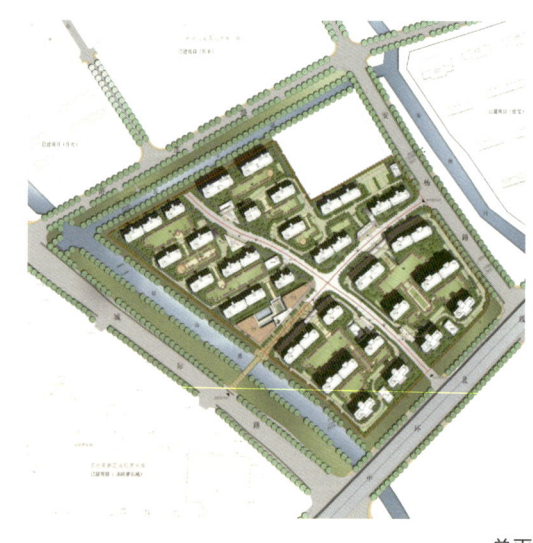

总平面图

设计简介

根据地形和道路布置，结合容积率要求，在地块一布置全10层小高层；地块二最北侧布置17层高层，南侧布置10层小高层；地块三、四沿高架布置17层高层，地块北侧为26层高层。本着景观设计园林化的思想设有东西贯通的景观中心带，将公共绿地、组团绿地、宅旁绿地和道路绿地有机地结合起来，也与城市景观遥相呼应。

6号北立面图

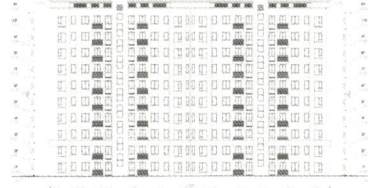
6号南立面图

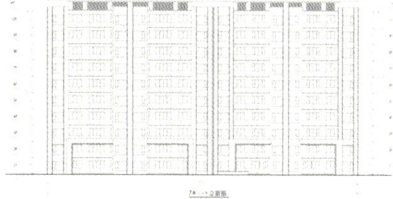
7号南立面图

园博村 A 地块

项目类型	城镇住宅和住宅小区
设计单位	江苏中锐华东建筑设计研究院有限公司
建设地点	仪征市铜山办事处枣林村
用地面积	123400.00m²
建筑面积	169800.00m²
设计时间	2019.05—2019.09
竣工时间	2020.05
获奖信息	二等奖
设计团队	顾爱天　郁　翀　李　晶　童　真　陈玉凤 李磊斌　蔡晓良　宋慧敏　刘友辉　孔　娇 王新宇　朱奇汉

总平面图

设计简介

项目在满足规范和区内总体日照和间距要求的前提下，充分考虑与省博园的景观联系，形成完整的景观系统，并在地块内设置社区花园及山水花园两个节点，与省博园产生呼应。小区有充足的日照和采光，使得小区自然清新，融于自然。

景观绿化以现代为主题，以横向的流线形式，提升空间的连续性。通过竖向变化的种植绿化、低矮的草坪，营造幽静、和谐的居住环境。

北入户型南立面

南入户型北立面

北入户型北立面

南入户型南立面

北入户型南、北立面图　　　　　　　　南入户型北、南立面图

冯梦龙村山歌文化馆

项目类型	村镇建筑
设计单位	启迪设计集团股份有限公司
建设地点	苏州市相城区黄埭镇冯梦龙村
用地面积	2471.00m²
建筑面积	2135.00m²
设计时间	2018.05—2019.05
竣工时间	2020.05
获奖信息	二等奖
设计团队	查金荣　张筠之　张智俊　刘阳　杨柯
	张颖　邓春燕　刘晓飞　陈苏　马琦
	祝合虎　汤若飞　张哲　颜宏勇　王加伟

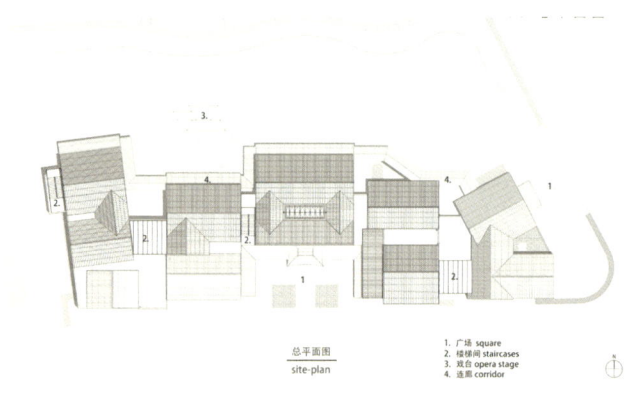

总平面图

设计简介

项目用地位于冯埂上村口，未来将成为冯埂上展示的窗口以及"村民"的公共活动空间。结合文旅开发对建筑的定位，本项目主要涵盖广笑府、山歌馆、游客接待中心三大功能区。设计策略上采取保持原肌理修复的方法，按照村庄原来房屋的位置和体量重新修建。设计不必追求修旧如旧的"仿古"，既然是新建建筑，就应用新的建筑语言表达。新的门头、主入口界面采取简洁的片墙，在墙与墙之间或用内凹的坡顶，或用透明的玻璃盒子，提示对原有屋顶的更新，同时保持主体建筑原有的屋顶走向。结合传统和现代的砖砌方式，采用乡土砖材，打造富有变化的主立面。

南立面图

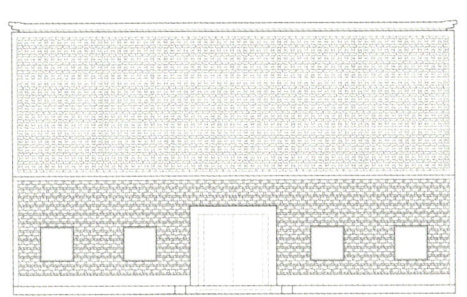

砖墙立面示意图

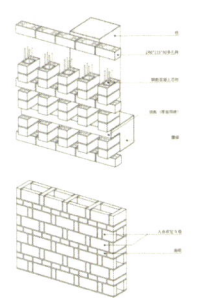

砌筑示意图

南立面图

溧阳上兴镇汤桥水乡服务中心设计

项目类型	村镇建筑
设计单位	江苏美城建筑规划设计院有限公司
建设地点	江苏省溧阳市上兴镇
用地面积	6031.39m²
建筑面积	1182.06m²
设计时间	2019.10—2019.11
竣工时间	2020.11
获奖信息	二等奖
设计团队	孙振华 高文桥 廖 振 陈中宏 郑拥星 韩立慧 韩志军 徐东斌 马 涛 乔艳梅 谢晓云 韩 磊 殷夏文 曹 群 王 静

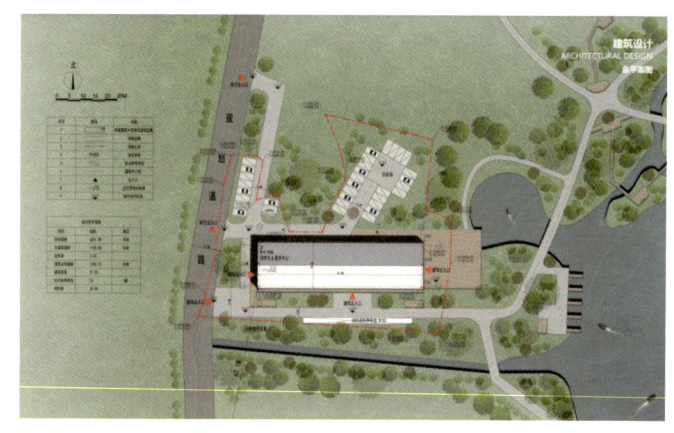

总平面图

设计简介

建筑主要双曲面形象强调建筑的异质性和标识性,吸引人流进入场地,双曲屋面的大挑檐使得建筑十分轻盈,从水面上望去,建筑如鸟一般悬停在葱绿的景观树丛中,成为自然景观的一部分。从远处望去,建筑如同一叶扁舟,融于自然环境。建筑整体造型新颖奇特,但又富有内在生成逻辑性。模拟垂钓时的抛物线形态,采用双曲线屋面的建筑形态。同时屋顶结构体系模数与竖向结构相统一,形成整体性的稳定结构体系。屋顶采用深灰色瓦屋面,与传统江南水乡意向相匹配。立面材质采用现代的钢木、玻璃加当地的青砖与石材,体现地域化特征,同时又富有现代化轻松活泼的造型特色。

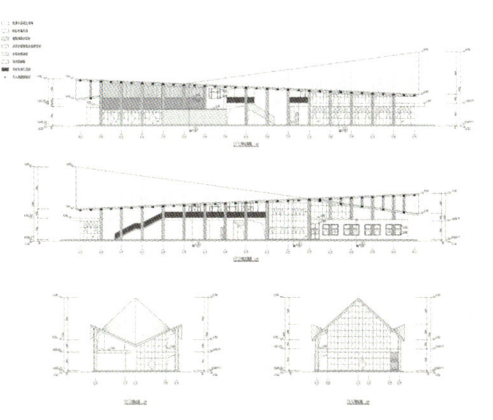

轴立面图

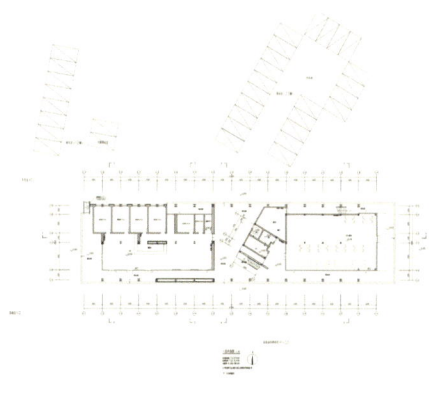

一层平面图

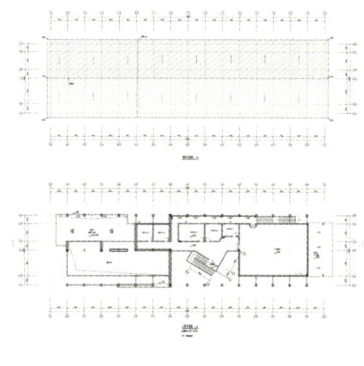

二层平面图

南京燕子矶新城保障性住房三期工程（C地块人防地下室）

项目类型 地下建筑与人防工程
设计单位 南京兴华建筑设计研究院股份有限公司
建设地点 南京市栖霞区燕子矶街道
建筑面积 12186.52m²
设计时间 2016.03—2016.04
竣工时间 2019.02
获奖信息 二等奖
设计团队 郭昊　刘子洁　朱建龙　陈云峰　杨震
　　　　　　卞海峰　蔚清　吴荣先

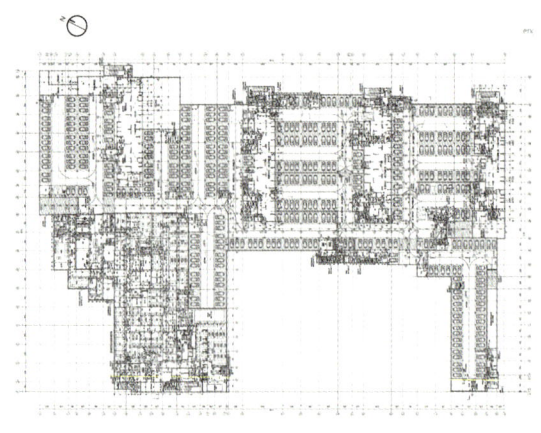

C地块人防地下室平面图

设计简介

随着城市的开发建设，建设用地越来越紧张，因此利用地下空间，建设平战结合人防工程，有利于节约城市土地资源。本工程平时为地下汽车库、自行车库、小区地下室，共有停车位447个，满足小区日常生活停车的需求，缓解地面停车压力；战时可对人员起到掩护作用。本项目工程抗力等级为防核武器抗力级别5级、6B级，防常规武器抗力级别5级、6级，项目设有可靠的防化设施，当环境遭到生化武器沾染时，可确保内部人员安全。

GSFMG6025(6)
GSFMG6025(6)

HM2020

工程图纸
engineering drawings
建筑专业

平面图（一）

工程图纸
engineering drawings
建筑专业

平面图（二）

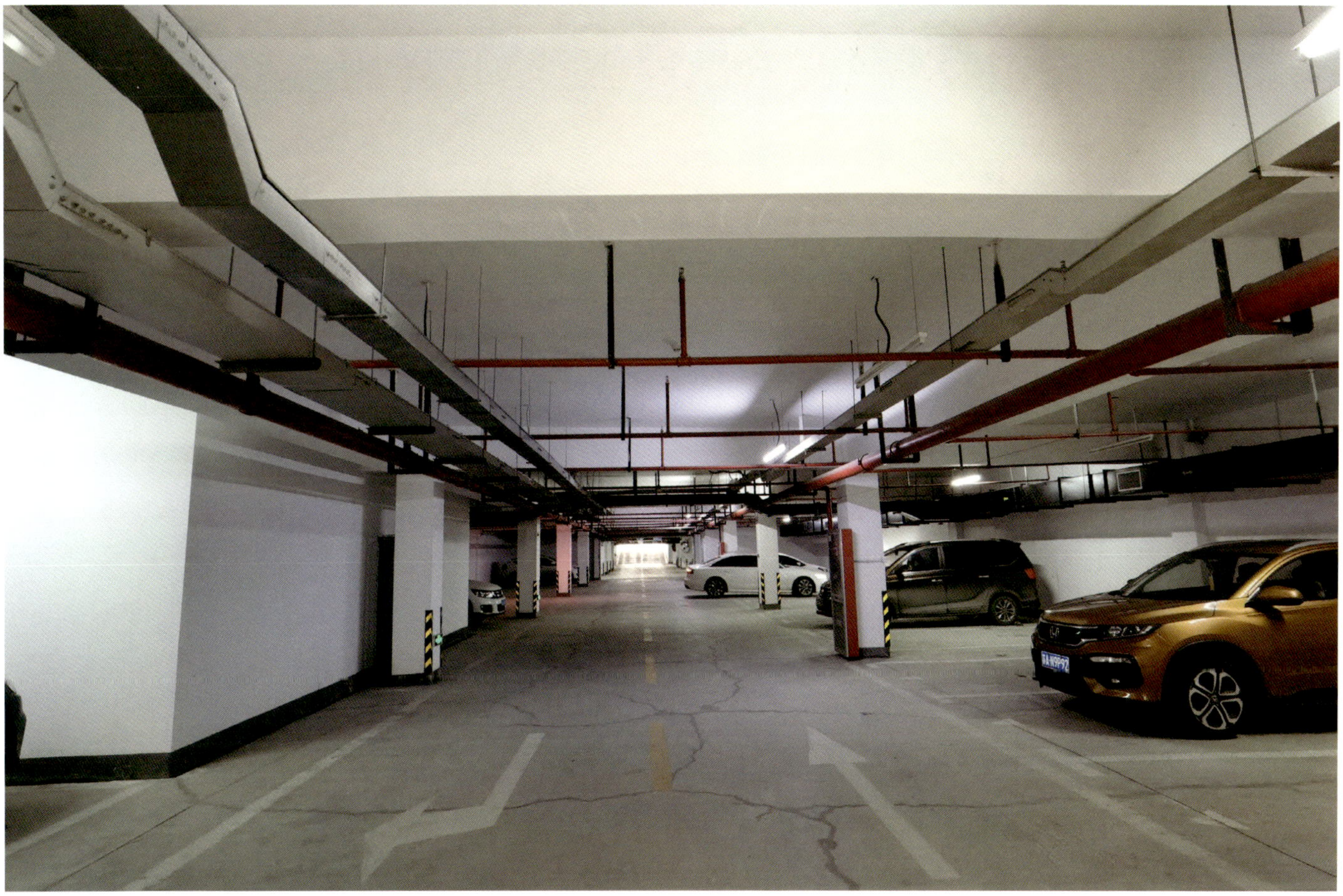

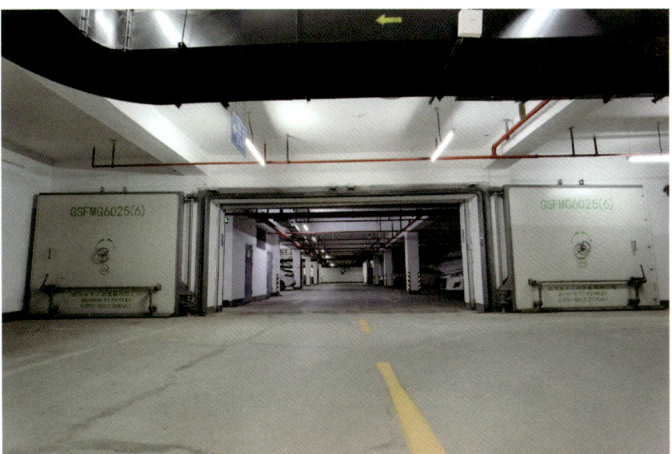

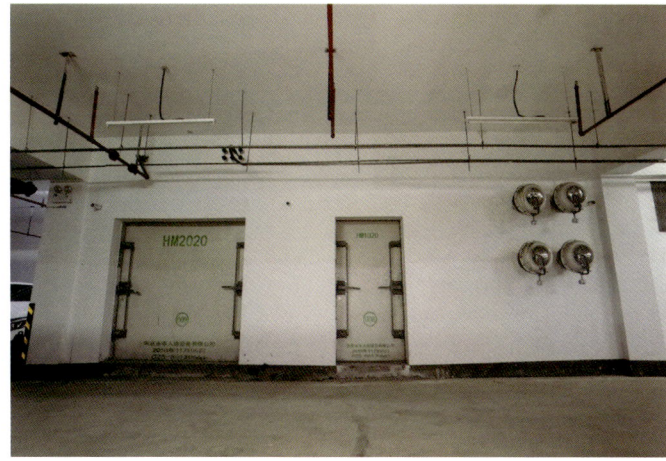

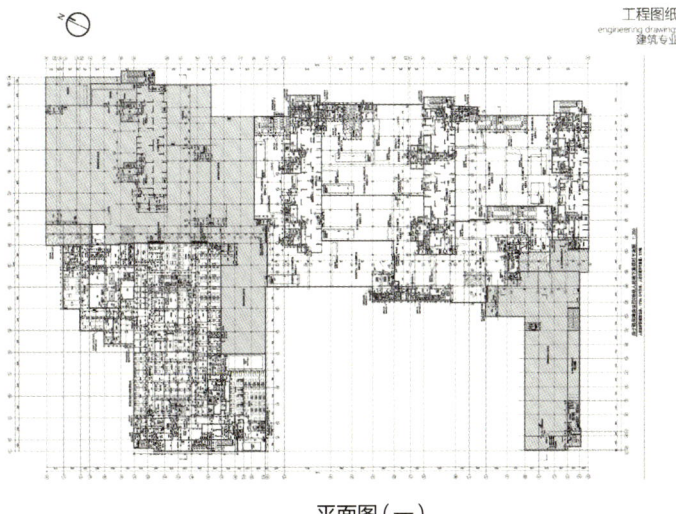

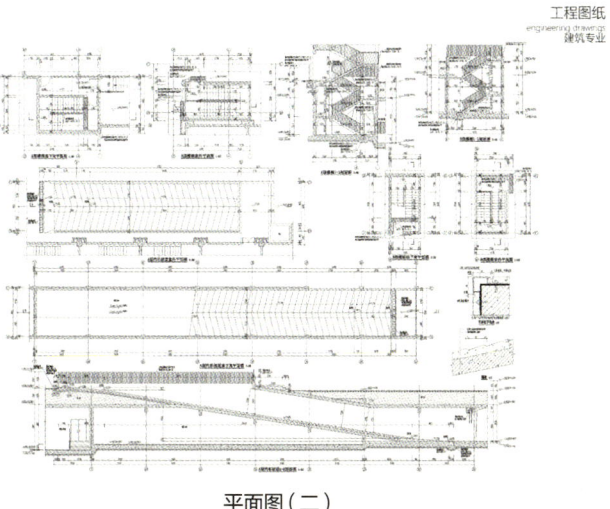

南通国际会展中心（会议中心）防空地下室

项目类型	地下建筑与人防工程
设计单位	南通市规划设计院有限公司
建设地点	南通市中央创新区
建筑面积	12858.00m²
设计时间	2018.01—2018.10
竣工时间	2019.09
获奖信息	二等奖
设计团队	陶勇 汤晨 瞿燕新 缪祥 张玲玲 周丽 蔡杰 顾颐 宋铭勋 杨阳 施建华 季君旸 任晓兵 陆一鸣 邵正华

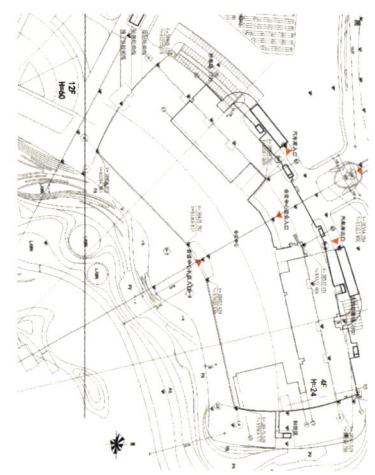

总平面图

设计简介

项目为附建式人防工程，平时作为汽车库，核定停车245辆，汽车库与非人防地下室合计为特大型地下汽车库，防火分类为Ⅰ类，层高为4.0m；二等人员掩蔽部，掩蔽人员5650人，为甲类核6常6，防化等级为丙级；专业队队员掩蔽部，掩蔽人员110人，为甲类核5常5，防化等级为乙级；专业队车辆掩蔽部，掩蔽车辆15辆，为甲类核5常5。在无战争条件下设计使用年限为50年，耐火等级、防火等级均为一级。工程主体均采用钢筋混凝土现浇结构、框架剪力墙结构；均按平战结合的原则进行设计。

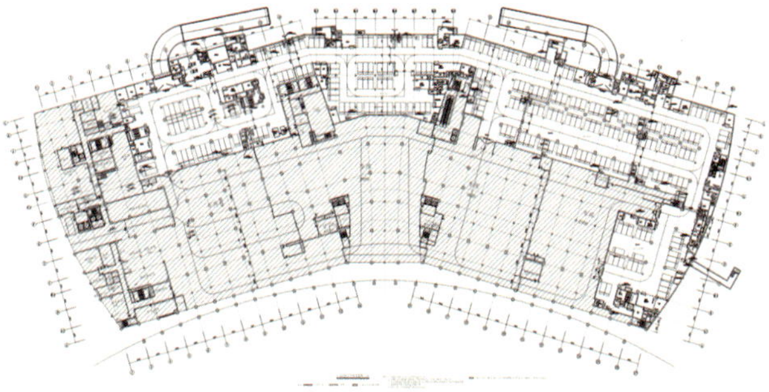

1、2区组合平时平面图 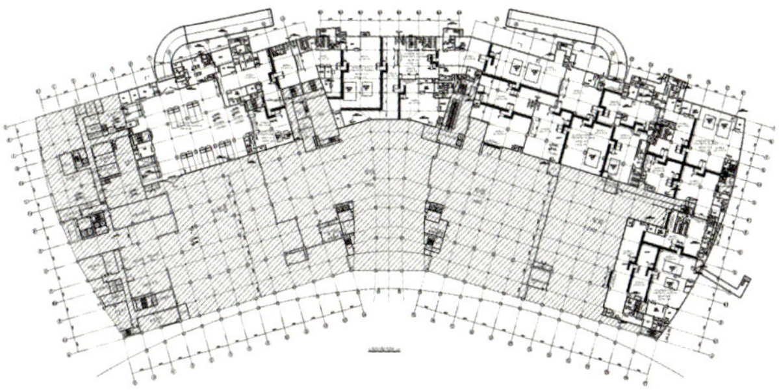   1、2区组合战时平面图

无锡地铁1号线南延线工程人防系统设计

项目类型	地下建筑与人防工程
设计单位	江苏天宇设计研究院有限公司
建设地点	无锡市
建筑面积	67813.00m²
设计时间	2014.05—2019.05
竣工时间	2019.06
获奖信息	二等奖
设计团队	黄加国 吴勇 周一峰 徐晓春 费腾 史吉慰 韩立力 徐宇 王飞 钱亮 周慧 陈健 仝威 蔡健 李苇佳

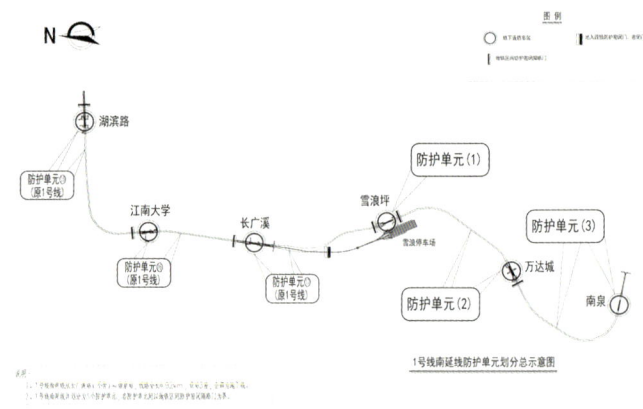

1号线南延线防护单元划分总示意图

设计简介

无锡地铁1号线南延线工程人防系统设计贯彻"长期准备、重点建设、平战结合"的方针，坚持与经济建设协调发展，与城市建设相结合的原则，在保障平时使用的前提下，充分利用轨道交通工程平时的设施设备，完善战时人防防护功能。综合考虑各种因素，南延线人防工程按照防核武器6级和防常规武器6级标准设防，共划分3个防护单元，战时作为紧急人员掩蔽部，每个防护单元掩蔽人员1000人，防化等级为丁级。无锡地铁1号线南延线人防工程有效完善补充了地铁1号线人防工程，促进无锡市近期"南拓"发展目标的实现。战时承担着人员转运、重要物资输送的重要生命线作用，联系地铁周边人防工程，完善人防体系建设。

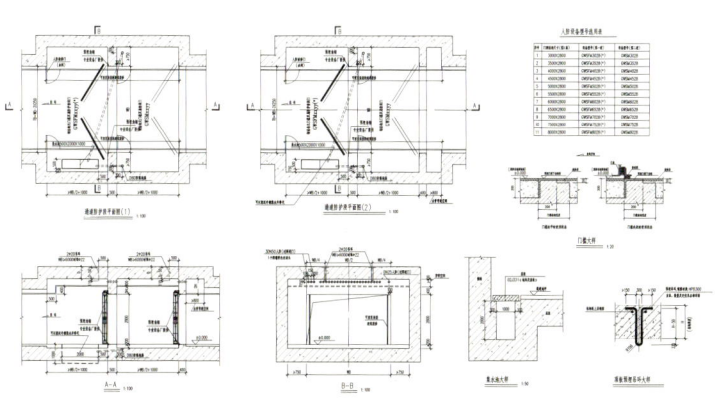
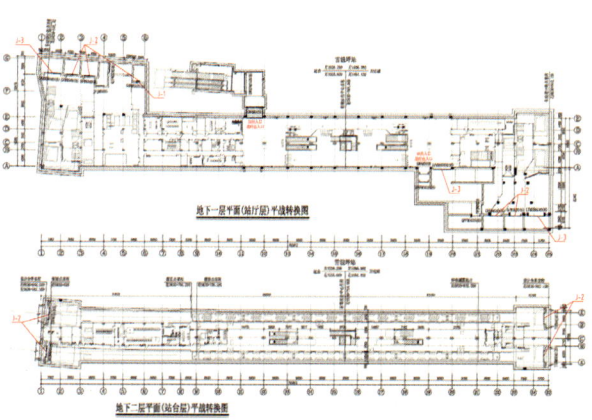

地下一层、二层平面平战转换图

三区博世汽车部件项目S215停车楼（一期）

项目类型	装配式建筑
设计单位	中衡设计集团股份有限公司
建设地点	苏州工业园区长阳街368号
用地面积	106866.83m²
建筑面积	74295.74m²
设计时间	2018.04—2018.12
竣工时间	2019.12
获奖信息	二等奖
设计团队	刘　恬　赵海峰　路江龙　徐轶群　魏之豪 沈晓明　杨伟兴　朱勇军　韩愚拙　杨俊晨 王俊杰　嵇素雯　徐宽帝　郁　捷　白瑞芳

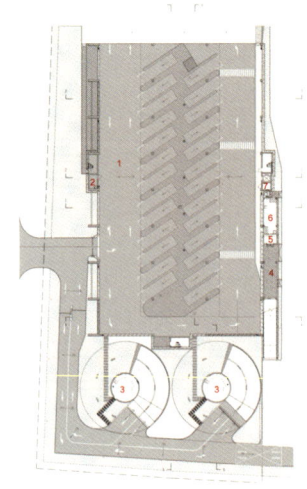

一层平面图

设计简介

本建筑在方案设计伊始即考虑贯彻装配式设计理念，每个楼层的平面布局除坡道外排布完全一致，柱跨选择合理经济且均等，从而使每层和每跨内的建筑构件、结构构件、机电吊架与综合管线等均能按照模数标准化设计，钢梁排布采用等间距布置，钢梁规格达到了高度的标准化，楼板板块划分完全一致。预制构件主要包括预制槽、楼层钢梁、柱头节点、楼面压型钢板，在施工图设计中提供了所有预制构件的设计详图，保证施工实施的准确性。根据《江苏省装配式建筑综合评定标准》DB32/T 3753—2020的计算方法，本建筑基本单元、构件标准化率为100%；标准化预制构件应用比例为95%。

北立面图

南立面图

东立面图

六合经济开发区科创园一期（北区）

项目类型	装配式建筑
设计单位	江苏龙腾工程设计股份有限公司
建设地点	江苏省南京市六合区冠城路
用地面积	31291.31m²
建筑面积	94561.03m²
设计时间	2018.03—2018.05
竣工时间	2020.05
获奖信息	二等奖
设计团队	杜仁平 宋 杰 陆亚珍 徐 涛 吴 彬 袁华安 李 瀚 黄 晔 孟宇航 曹智民 胡军平 贾婉婉 周 舟 毕新业 杨剑峰

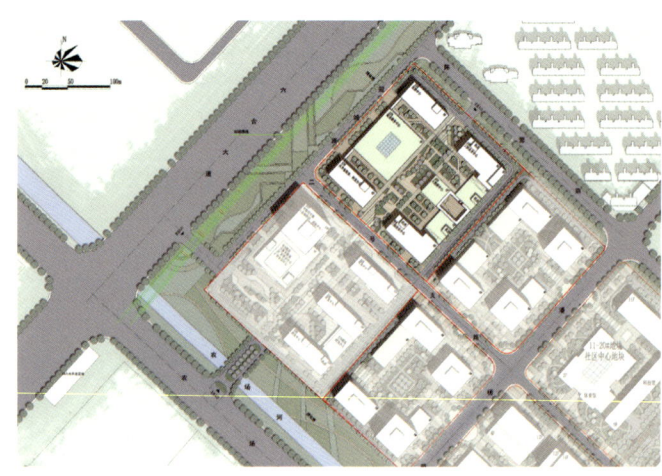

总平面图

设计简介

装配式设计采用标准化预制构件，减少构件种类、尺寸型号，从而减少构件厂的模具浪费。全面考虑预制构件与现浇混凝土交接节点的设计，减少现场的模板切割。项目采用预制叠合楼板，从而减少了现场的楼板底模，同时也适当减少了现场的底部支撑；采用预制楼梯，预制楼梯采用建筑确定的楼面做法，如是水泥砂浆楼面可一次浇筑成型；采用成品内墙板，成品内墙板均可满足墙体平整度要求，减少现场的水泥砂浆抹灰。另外，适当采用新装配式技术，简化现场工序，减少现场模板及其他辅材的使用量。

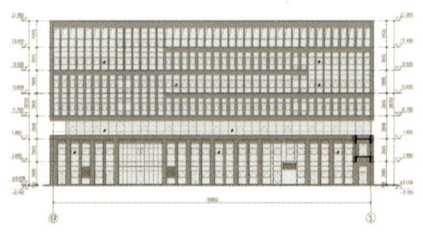

3号 9-1 立面图

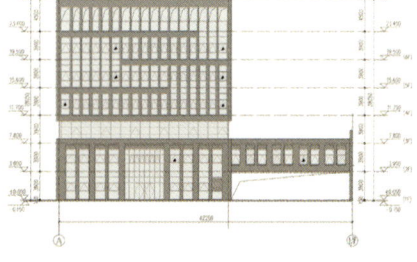

3号 A-1/F 立面图

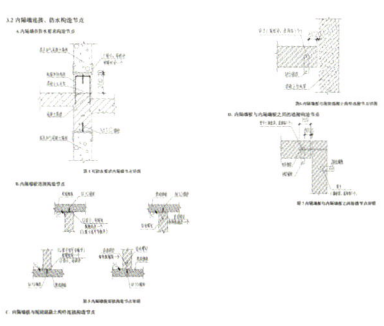

装配式计算图纸

三等奖作品

江苏·优秀建筑设计作品
2021

公共建筑

XDG-2014-39号地块开发建设（酒吧街A、B块，戏台）
启迪设计集团股份有限公司

中铁第四勘察设计院苏州创意产业园
启迪设计集团股份有限公司

吴江太湖新城软件园综合大楼
启迪设计集团股份有限公司

苏州阳澄湖维景国际度假酒店（商旅中心）工程
启迪设计集团股份有限公司
加拿大P&H国际建筑师事务所（合作）

新浒幼儿园项目
启迪设计集团股份有限公司
苏州九城都市建筑设计有限公司（合作）

西园养老护理院项目
启迪设计集团股份有限公司

苏州湾实验初级中学艺体馆工程
启迪设计集团股份有限公司

淮安金融中心中央商务区西地块
华东建筑设计研究院有限公司

淮安生态新城开明中学
浙江大学建筑设计研究院有限公司

无锡浙大网新国际科创园（XDG-2012-103号地块开发项目）二、三期工程
无锡市建筑设计研究院有限责任公司

金华市李渔幼儿园新建工程
无锡轻大建筑设计研究院有限公司

太湖新城吴江总部经济6号地块东恒盛
南京市第二建筑设计院有限公司

公共建筑

金源时代购物广场

中国江苏国际经济技术合作集团有限公司

宿迁市钟吾初级中学改扩建工程

华设设计集团股份有限公司

徐州精神病院迁建二期康复疗养病房楼及连廊工程

江苏中甲工程设计有限公司

徐州市铜山区区委党校建设项目

厚石建筑设计（上海）有限公司

连云港市质量检测研究中心

连云港市建筑设计研究院有限责任公司

建科教（文化创意）用房

苏州苏大建筑规划设计有限责任公司

南通服装创意产业园

南通勘察设计有限公司

上海璞澍建筑设计事务所（合作）

丰城市高新园区22.45万平方米新能源新材料和生命健康产业园标准厂房建设项目——新能源新材料地块

华设设计集团股份有限公司

金融中心1号——金融新天地

连云港市建筑设计研究院有限责任公司

生产性实训基地大学生创业创意园

扬州大学工程设计研究院

XDG-2017-46、47、48号地块项

同人建筑设计（苏州）有限公司

杭州万丈建筑设计有限公司（合作）

新三板产业研发楼项目

中衡设计集团股份有限公司

公共建筑

南通市通州区金东新城初中、小学和幼儿园新建项目
南通四建集团建筑设计有限公司

南通天安数码城一期（包含一批、二批）
南通勘察设计有限公司

百家湖文化中心（美术馆）
江苏龙腾工程设计股份有限公司
大元设计咨询（上海）有限公司（合作）

德国克劳斯玛菲高端注塑机智能制造厂房（暂名）工程
中衡设计集团股份有限公司

宿迁市永阳城市之家项目
中衡设计集团股份有限公司

苏州技师学院综合实训楼
苏州城发建筑设计院有限公司

羊尖镇实验小学异地新建项目
江苏博森建筑设计有限公司

连云港市徐圩新区实验学校
江苏华新城市规划市政设计研究院有限公司

雨花台区小行里51号危旧房改造地块经济适用住房项目
南京思成建筑设计咨询有限公司

江阴302422地块项目（南门印象）
江苏筑森建筑设计有限公司

常州市钟楼区（西林）全民健身活动中心综合体（皇粮浜实验学校室内体育馆）
江苏筑森建筑设计有限公司

靖江市职业教育中心改扩建建筑方案及施工图设计（靖江市职业教育中心项目）
常州市规划设计院

公共建筑

新建软件与信息技术服务高标准厂房项目
苏州华造建筑设计有限公司
合院建筑设计咨询(上海)有限公司(合作)

新建澄云小学项目设计
联创时代(苏州)设计有限公司

北海吾悦广场33号购物中心
江苏筑森建筑设计有限公司

树山交通枢纽项目
中铁华铁工程设计集团有限公司
苏州九城都市建筑设计有限公司(合作)

苏州市嘉润广场
中衡设计集团股份有限公司
楷亚锐衡设计规划咨询(上海)有限公司(合作)

苏州太平金融大厦
中衡设计集团股份有限公司
株式会社日建设计(合作)

常州新龙国际商务区商务服务中心新建项目
江苏筑森建筑设计有限公司

扬州华伟国际广场
扬州市建筑设计研究院有限公司

南京技师学院
江苏省建筑设计研究院股份有限公司

常州市武进区火炬路教育培训中心项目
常州市武进建筑设计院有限公司

栖霞区检察院办案和专业技术用房
东南大学建筑设计研究院有限公司

江苏省地质资料库
江苏省建筑设计研究院股份有限公司

公共建筑

南京扬子江新金融创意街区建设项目
南京长江都市建筑设计股份有限公司
刘荣广伍振民建筑咨询（上海）有限公司（合作）

江心洲 NO. 宁 2015GY24 地块项目
南京市建筑设计研究院有限责任公司

奥美大厦项目
南京市建筑设计研究院有限责任公司

北斗商务广场1号楼、3号楼
江苏政泰建筑设计集团有限公司

御江山商务酒店
江苏政泰建筑设计集团有限公司

DK20120042 地块柏悦酒店项目
悉地（苏州）勘察设计顾问有限公司
KPF 建筑师事务所（合作）

水利建设大厦

江苏铭城建筑设计院有限公司

产教融合应用型人才培养实验实训中心一期工程

盐城市建筑设计研究院有限公司

盐城工学院（合作）

北京师范大学盐城附属学校初中、高中部项目

盐城市建筑设计研究院有限公司

北京市建筑设计研究院有限公司（合作）

东方西路南侧、名山路东侧（QL050211）地块

江苏筑森建筑设计有限公司

深圳市高盛建筑设计有限公司（合作）

南京N0.2017G08地块商服配套项目——5号楼

江苏省建筑设计研究院股份有限公司

湃昂国际建筑设计顾问有限公司（合作）

XDG-2014-41号地块开发建设（A4-1东侧商业）

江苏博森建筑设计有限公司

GOA大象建筑设计有限公司（合作）

公共建筑

靖江市季市镇中心小学异地新建工程

江苏博森建筑设计有限公司

太湖新城体育公园项目

江苏博森建筑设计有限公司

上海迈柏环境规划设计有限公司（合作）

南通市党风廉政建设教育中心

南通市建筑设计研究院有限公司

常州市园林设计院有限公司（合作）

南通市中央创新区创新一小

南通市建筑设计研究院有限公司

中国中建设计集团有限公司（合作）

淮安生态文旅区枫香路幼儿园

江苏美城建筑规划设计院有限公司

溧阳市御湖城东侧皇仑村（一期）地块开发建设项目实验楼组团（A4-1号、A5-2号基础教学实验楼）

华南理工大学建筑设计研究院有限公司

无锡市东北塘实验小学芙蓉分部新建工程
江苏博森建筑设计有限公司

徐州市太行路小学
厚石建筑设计（上海）有限公司

批发零售、住宿餐饮和商务金融用房项目
苏州苏大建筑规划设计有限责任公司
孚提埃（上海）建筑设计有限公司（合作）

苏州桃花坞唐寅故居文化区新建工程
苏州规划设计研究院股份有限公司

扬州市公共卫生中心建设项目
扬州市建筑设计研究院有限公司

中马钦州产业园启动区农民安置房项目B区（邻里中心）
中衡设计集团股份有限公司

公共建筑

南京江北新区中央商务区开发建设展示中心
南京兴华建筑设计研究院股份有限公司

溧阳市御湖城东侧皇仑村（一期）地块开发建设项目C6风雨操场
华南理工大学建筑设计研究院有限公司

南京鼓楼创新广场
南京市建筑设计研究院有限责任公司

苏州科技城第三实验小学及第四实验幼儿园
苏州科技大学设计研究院有限公司
彼爱游建筑城市设计咨询（上海）有限公司（合作）

盐城市妇幼保健院新院
盐城市建筑设计研究院有限公司
中建国际（深圳）设计顾问有限公司（合作）

清园办案点改扩建工程
江苏华晟建筑设计有限公司

安庆供水集团公司调度检测中心迁建工程
东南大学建筑设计研究院有限公司

涡阳五馆两中心项目
东南大学建筑设计研究院有限公司

安徽省综合性老干部活动中心（老年大学）
苏州东吴建筑设计院有限责任公司
上海同大规划建筑设计有限公司（合作）

溧阳市御湖城东侧皇仑村（一期）地块开发建设项目生活区
江苏新世纪现代建筑设计有限公司
华南理工大学建筑设计研究院有限公司（合作）

南通市第二人民医院门急诊病房综合楼
南通市建筑设计研究院有限公司
上海华东建设发展设计有限公司（合作）

淮安新城市广场33号楼（淮安楚州万达广场）
淮安市建筑设计研究院有限公司

公共建筑

江苏省农业科学院新兴交叉学科实验楼
南京大学建筑规划设计研究院有限公司

城镇住宅和住宅小区

苏地2016-WG-71号地块项目（星翠澜庭）
启迪设计集团股份有限公司

太湖新城WJ-J-2016-26,27地块项目（吴门府）
启迪设计集团股份有限公司
上海日清建筑设计有限公司（合作）

苏地2016-WG-62号地块一期A区住宅项目
启迪设计集团股份有限公司
上海日清建筑设计有限公司（合作）

金轮·无锡马山XDG-2008-38号地块B地块
无锡市建筑设计研究院有限责任公司

XDG-2011-95号地块二期开发建设项目
江苏博森建筑设计有限公司

无锡市XDG-2010-24号地块A地块
江苏博森建筑设计有限公司

市府雅苑项目
江苏久鼎嘉和工程设计咨询有限公司

金箔龙眼山庄住宅小区（一期）
连云港市建筑设计研究院有限责任公司

XDG-2016-24号地块（A1）建设项目（万科·天一新著）
江苏筑森建筑设计有限公司

GZ063地块房地产项目（一期）（融创颐和公馆）
江苏筑森建筑设计有限公司

城镇住宅和住宅小区

皇家花园二期

江苏筑森建筑设计有限公司

茉莉花苑（茉莉公馆）

江苏筑原建筑设计有限公司

蔚林半岛

南京兴华建筑设计研究院股份有限公司

苏地2017-WG-71号地块（一期）

苏州华造建筑设计有限公司

梁黄顾建筑设计（深圳）有限公司（合作）

张地2012-A23-A-2号地块（建发泱誉名邸）

苏州城发建筑设计院有限公司

昆山周市华扬路东、新塘河南侧地块项目

南京长江都市建筑设计股份有限公司

上海日清建筑设计事务所（有限合伙）（合作）

龙湖古棠悦府（NO.2017G16地块项目）
南京长江都市建筑设计股份有限公司

中和村经济适用房四期地块及地下室
南京市建筑设计研究院有限责任公司

南京市栖霞区西岗果牧场保障房项目一期
江苏省建筑设计研究院股份有限公司
南京邦建都市建筑设计事务所（合作）

XDG-2016-31号地块项目一期（建发玖里湾）
江苏博森建筑设计有限公司
上海地东建筑设计事务所有限公司（合作）

金隅紫金叠院（NO.2016G07地块项目）
南京长江都市建筑设计股份有限公司
汇张思建筑设计咨询（上海）有限公司（合作）

常州新北区飞龙中路南侧天山路西侧地块项目
江苏浩森建筑设计有限公司

城镇住宅和住宅小区

昆山时代悦庭
苏州越城建筑设计有限公司
上海天华建筑设计有限公司（合作）

苏地2016-WG-63号地块（仁恒·运河时代）
中铁华铁工程设计集团有限公司
上海日清建筑设计有限公司（合作）

DK20150172号地块项目
苏州华造建筑设计有限公司
梁黄顾建筑设计（深圳）有限公司（合作）

扬州市蓝湾华府（GZ066地块）居住小区
扬州市建筑设计研究院有限公司

湖滨名都（C地块）住宅小区
扬州市建筑设计研究院有限公司

XDG-2016-47号地块项目（保利时光印象）
江苏博森建筑设计有限公司
上海霍普建筑设计事务所股份有限公司（合作）

南京九间堂项目二期
中衡设计集团股份有限公司

村镇建筑

渔沟镇村级党群服务中心
江苏省子午建筑设计有限公司

镇湖上山茶叶生产基地用房建筑及室内施工图设计
苏州市建筑工程设计院有限公司
苏州贝思勤创意设计有限公司（合作）

树山村改造提升工程
启迪设计集团股份有限公司

地下建筑与人防工程

江苏省苏州第十中学校操场改造及地下停车场等教育用房建设项目

启迪设计集团股份有限公司

宿迁沭阳万达广场地下车库（人防区）

南京优佳建筑设计有限公司

原国际服装城人防工程拆除重建工程

苏州市天地民防建筑设计研究院有限公司

装配式建筑

N0.2016G90地块项目

江苏龙腾工程设计股份有限公司

XDG-2015-25号地块-A2地块-7号楼、8号楼

江苏筑森建筑设计有限公司

附录（获奖项目索引）

江苏·优秀建筑设计作品
2021

一等奖
公共建筑

项目名称	设计单位
苏州太湖丁家坞精品酒店（苏州太美逸郡酒店）	启迪设计集团股份有限公司
枫桥工业园改造一期	启迪设计集团股份有限公司
苏州高新区滨河实验小学校新建工程	启迪设计集团股份有限公司 苏州九城都市建筑设计有限公司（合作）
丁家庄保障房二期A13地块社区中心综合楼及地下车库	南京城镇建筑设计咨询有限公司 东南大学建筑设计研究院有限公司（合作）
苏州市第二工人文化宫	中衡设计集团股份有限公司
第十届江苏省园艺博览会（扬州仪征）博览园建设项目——北游客中心、滨水码头、滨水建筑、西南侧服务建筑	东南大学建筑设计研究院有限公司 南京工业大学建筑设计研究院（合作）
甘肃瓜州榆林窟管理及辅助用房建设项目	苏州九城都市建筑设计有限公司
QL-090708地块（常州市文化广场）二期	江苏筑森建筑设计有限公司 德国GMP国际建筑设计有限公司（合作）
江苏有线三网融合枢纽中心	东南大学建筑设计研究院有限公司
苏州高新区"太湖云谷"数字产业园	苏州九城都市建筑设计有限公司
六安市体育中心设计项目	江苏省建筑设计研究院股份有限公司
泰州医药高新区体育文创中心建设项目	东南大学建筑设计研究院有限公司
江苏运河文化体育会展中心——体育中心（含体育馆、体育场及游泳馆）	东南大学建筑设计研究院有限公司
南京银城马群项目综合医院NO.2014G97地块C地块22号楼	江苏省建筑设计研究院股份有限公司
浦口区南京医科大学第四附属医院（南京市浦口医院）项目	江苏省建筑设计研究院股份有限公司
仁恒江心洲AB地块	南京金宸建筑设计有限公司
江北新区服务贸易创新发展大厦和凤滁路公交首末站项目	中通服咨询设计研究院有限公司
大陆汽车研发（重庆）有限公司研发中心一期	中衡设计集团股份有限公司
苏州科技城西渚实验小学	苏州九城都市建筑设计有限公司 中铁华铁工程设计集团有限公司（合作）
浙江上虞鸿雁幼儿园	苏州九城都市建筑设计有限公司
南京金融城二期（西区）	江苏省建筑设计研究院股份有限公司 德国GMP国际建筑设计有限公司（合作）
南京理工大学（江阴校区）图书馆	南京大学建筑规划设计研究院有限公司

宜昌兴发广场商业综合体项目	南京金宸建筑设计有限公司
金阊体育场馆工程项目	中衡设计集团股份有限公司
苏州高新区景山实验初级中学校	苏州九城都市建筑设计有限公司
南通师范高等专科学校新校区二期工程——学前、美术教学组团	东南大学建筑设计研究院有限公司
中航科技城A座（中航科技大厦）项目	南京市建筑设计研究院有限责任公司 凯里森建筑设计（北京）有限公司上海分公司（合作）

城镇住宅和住宅小区

南京江浦青奥NO.2016G49地块项目	江苏筑森建筑设计有限公司
万科翡翠天御（泉山区黄河南路南、矿山东路西2016-27号地块）	江苏筑森建筑设计有限公司
宝华桃李春风项目	南京长江都市建筑设计股份有限公司
银城河滨花园云台天镜	南京长江都市建筑设计股份有限公司
NO.2016G54地块房地产开发项目	南京长江都市建筑设计股份有限公司 汇张思建筑设计咨询有限公司（合作）
观天下山庄二期（一批次）	南京长江都市建筑设计股份有限公司 北京羲地建筑设计研究有限责任公司（合作）

村镇建筑设计

南京佘村安置区	东南大学建筑设计研究院有限公司

装配式建筑

浦口区江浦街道巩固6号地块保障房项目二期（PC建筑人才公寓）设计	南京长江都市建筑设计股份有限公司

二等奖
公共建筑

苏州工业园区钟南街义务制学校	启迪设计集团股份有限公司
绿景·NEO（苏地2007-G-22地块）	启迪设计集团股份有限公司
潘祖荫故居三期修缮整治工程	启迪设计集团股份有限公司
常熟市高新区三环小学及幼儿园工程	启迪设计集团股份有限公司
苏州高新区马舍山酒店改扩建项目	启迪设计集团股份有限公司 裸心酒店管理（上海）有限公司（合作）

项目名称	设计单位
金桥双语实验学校扩建初中部校区项目	江苏中锐华东建筑设计研究院有限公司
澄地2018-C-23（A、B）地块江阴南门商业街区建设项目——A地块	江苏中锐华东建筑设计研究院有限公司 南京反几建筑设计事务所（合作）
仁寿成都外国语学校	江苏中锐华东建筑设计研究院有限公司 四川时代建筑设计有限公司（合作）
南京浦口区江浦街道S01地块城市综合体项目	南京城镇建筑设计咨询有限公司
苏地2015-G-1（2）号地块项目3号、3-1号楼	苏州华造建筑设计有限公司 上海天华建筑设计有限公司（合作）
合肥大强路睦邻中心	中衡设计集团股份有限公司
连云港市润潮国际	连云港市建筑设计研究院有限责任公司
苏州工业园区第八中学重建工程（一期）	中衡设计集团股份有限公司
河北省第三届（邢台）园林博览会园博园——园林艺术馆	苏州园林设计院有限公司
扩建数控平面激光切割机数控折弯机项目	中衡设计集团股份有限公司
铜仁·苏州大厦	中衡设计集团股份有限公司
中国—马来西亚钦州产业园区职业教育实训基地项目（一期）	中衡设计集团股份有限公司
苏州工业园区钟南街幼儿园	苏州九城都市建筑设计有限公司
上虞区城北68-2地块邻里中心项目	苏州九城都市建筑设计有限公司
产品测试二	东南大学建筑设计研究院有限公司
苏州科技城生物医学技术发展有限公司医疗器械产业园	苏州建设（集团）规划建筑设计院有限责任公司 苏州规划设计研究院股份有限公司（合作） 上海优联加建筑规划设计有限公司（合作）
孔雀城九期——华夏ACE嘉善国际幼儿园	江苏筑森建筑设计有限公司 北京和立实践建筑设计咨询有限公司（合作）
中国江苏白马农业会展中心	南京长江都市建筑设计股份有限公司
南京外国语学校仙林分校燕子矶校区	东南大学建筑设计研究院有限公司
南京青奥体育公园室内田径馆、游泳馆	东南大学建筑设计研究院有限公司
江北新区2018G04地块项目（B地块）	南京长江都市建筑设计股份有限公司
苏地2016-WG-62号地块一期B区项目20号地块	江苏筑森建筑设计有限公司
辽河路南、寒山路东地块项目（科技转化楼、再生医学实验楼、干细胞库、临床研究中心）	常州市规划设计院

雁荡山大型旅游集散中心	东南大学建筑设计研究院有限公司
中和小学建设项目	南京市建筑设计研究院有限责任公司
仙林新地中心项目（C4/C5地块）	江苏省建筑设计研究院股份有限公司
厦门路学校	江苏省建筑设计研究院股份有限公司
南京江心洲2015G06地块项目	江苏省建筑设计研究院股份有限公司
郎江小学项目	苏州苏大建筑规划设计有限责任公司
靖安县西门外历史街区保护与利用工程A地块改造	扬州市建筑设计研究院有限公司
中国联通江苏分公司通信综合楼	中通服咨询设计研究院有限公司 南京坎培建筑设计顾问有限公司（合作）
新城科技园物联网产业园（科技创新综合体B）	中通服咨询设计研究院有限公司 南京清远工程设计有限公司（合作）
溧阳泓口小学	江苏美城建筑规划设计院有限公司
蓝海路小学与侨康路幼儿园建设项目——蓝海路小学	南京大学建筑规划设计研究院有限公司
江心洲基督教堂项目	南京大学建筑规划设计研究院有限公司 南京张雷建筑设计事务所有限公司（合作）
江苏省气象灾害监测预警与应急中心	南京大学建筑规划设计研究院有限公司
江南大学附属医院（无锡市第四人民医院易地建设）项目	无锡轻大建筑设计研究院有限公司 山东省建筑设计研究院有限公司（合作）
树屋十六栋项目	南京城镇建筑设计咨询有限公司
连云港市食品药品检验检测中心	连云港市建筑设计研究院有限责任公司
南京海峡两岸科工园海桥路配建小学	南京城镇建筑设计咨询有限公司
镇江市健康路全民健身中心工程（1号体育场架空层、2号3号连廊及老楼和环境改造）	江苏中森建筑设计有限公司
西咸新区国际文创小镇	中衡设计集团股份有限公司
北外附属如皋龙游湖外国语学校	如皋市规划建筑设计院有限公司 东南大学建筑学院（合作）
连云港市南京医科大学康达学院体育馆、看台	连云港市建筑设计研究院有限责任公司
西交利物浦大学南校区二期影视学院项目（DK20100293地块）	江苏省建筑设计研究院股份有限公司 建斐建筑咨询（上海）有限公司（合作）
广西崇左市壮族博物馆	东南大学建筑设计研究院有限公司

南京市莫愁职校新校区项目	中衡设计集团股份有限公司 境群规划设计顾问（苏州）有限公司（合作）
江苏旅游职业学院一期工程	扬州市建筑设计研究院有限公司
燕子矶新城枣林（钟化片区）中小学项目	江苏省建筑设计研究院股份有限公司 东南大学建筑设计研究院（合作）
南京市溧水区开发区小学	南京市建筑设计研究院有限责任公司
南京理工大学（江阴校区）国际交流中心	南京大学建筑规划设计研究院有限公司
先锋国际广场三期酒店写字楼	江苏铭城建筑设计院有限公司
XDG-2006-54号地块蓝湾二期（商业1号房）	江苏博森建筑设计有限公司 上海加合建筑设计事务所（合作）
淮安国联医疗卫生服务中心	江苏美城建筑规划设计院有限公司

城镇住宅和住宅小区

苏地2016-WG-10号地块项目（东原千浔）	启迪设计集团股份有限公司 上海齐越建筑设计有限公司（合作）
苏地2017-WG-1号地块项目（银城原溪）	启迪设计集团股份有限公司 上海致逸建筑设计有限公司（合作）
苏州工业园区DK20130169地块项目（铜雀台）	启迪设计集团股份有限公司 上海日清建筑设计事务所（有限合伙）（合作）
东盛阳光新城住宅小区	连云港市建筑设计研究院有限责任公司
铂悦府住宅小区一期工程	连云港市建筑设计研究院有限责任公司
湖滨嘉园二期剩余地块（路劲·太湖院子）	江苏筑森建筑设计有限公司 上海水石建筑规划设计股份有限公司（合作）
扬州城市之光（扬州879地块工程项目）	江苏筑森建筑设计有限公司
NO.2016G59地块项目	南京金宸建筑设计有限公司
璞樾和山［劳动东路北侧青洋路西侧（DN040212）地块项目］	江苏筑森建筑设计有限公司
苏州昆山高新区马鞍山路北侧江浦路东侧项目	苏州中海建筑设计有限公司
雨花中海城南公馆（NO.20117G43地块项目）	南京长江都市建筑设计股份有限公司
苏地2016-WG-43号地块	苏州华造建筑设计有限公司 汇张思建筑设计咨询（上海）有限公司（合作）
时代中央社区4号地块工程	苏州越城建筑设计有限公司 亚来（上海）建筑设计咨询有限公司（合作）
江宁区梅龙湖西侧地块（NO.2017G21）	南京长江都市建筑设计股份有限公司

盐城中海万锦南园	南京市建筑设计研究院有限责任公司
中鹰黑森林（盐都）	盐城市建筑设计研究院有限公司 Baumschlager Eberle 建筑事务所（合作）
南京地铁4号线金马路站上盖物业北地块	江苏省建筑设计研究院股份有限公司 上海日清建筑设计有限公司（合作）
璞玥风华（苏地2016-WG-72号）	苏州科技大学设计研究院有限公司
园博村 A 地块	江苏中锐华东建筑设计研究院有限公司

村镇建筑设计

冯梦龙村山歌文化馆	启迪设计集团股份有限公司
溧阳上兴镇汤桥水乡服务中心设计	江苏美城建筑规划设计院有限公司

地下建筑、人防工程

南京燕子矶新城保障性住房三期工程（C地块人防地下室）	南京兴华建筑设计研究院股份有限公司
南通国际会展中心（会议中心）防空地下室	南通市规划设计院有限公司
无锡地铁1号线南延线工程人防系统设计	江苏天宇设计研究院有限公司

装配式建筑

三区博世汽车部件项目S215停车楼（一期）	中衡设计集团股份有限公司
六合经济开发区科创园一期（北区）	江苏龙腾工程设计股份有限公司

三等奖
公共建筑

XDG-2014-39号地块开发建设（酒吧街A、B块，戏台）	启迪设计集团股份有限公司
中铁第四勘察设计院苏州创意产业园	启迪设计集团股份有限公司
吴江太湖新城软件园综合大楼	启迪设计集团股份有限公司
苏州阳澄湖维景国际度假酒店（商旅中心）工程	启迪设计集团股份有限公司 加拿大P&H国际建筑师事务所（合作）
新浒幼儿园项目	启迪设计集团股份有限公司 苏州九城都市建筑设计有限公司（合作）
西园养老护理院项目	启迪设计集团股份有限公司

苏州湾实验初级中学艺体馆工程	启迪设计集团股份有限公司
淮安金融中心中央商务区西地块	华东建筑设计研究院有限公司
淮安生态新城开明中学	浙江大学建筑设计研究院有限公司
无锡浙大网新国际科创园（XDG-2012-103号地块开发项目）二、三期工程	无锡市建筑设计研究院有限责任公司
金华市李渔幼儿园新建工程	无锡轻大建筑设计研究院有限公司
太湖新城吴江总部经济6号地块东恒盛	南京市第二建筑设计院有限公司
金源时代购物广场	中国江苏国际经济技术合作集团有限公司
宿迁市钟吾初级中学改扩建工程	华设设计集团股份有限公司
徐州精神病院迁建二期康复疗养病房楼及连廊工程	江苏中甲工程设计有限公司
徐州市铜山区区委党校建设项目	厚石建筑设计（上海）有限公司
连云港市质量检测研究中心	连云港市建筑设计研究院有限责任公司
建科教（文化创意）用房	苏州苏大建筑规划设计有限责任公司
南通服装创意产业园	南通勘察设计有限公司 上海璞澍建筑设计事务所（合作）
丰城市高新园区22.45万平方米新能源新材料和生命健康产业园标准厂房建设项目——新能源新材料地块	华设设计集团股份有限公司
金融中心1号——金融新天地	连云港市建筑设计研究院有限责任公司
生产性实训基地大学生创业创意园	扬州大学工程设计研究院
XDG-2017-46、47、48号地块项目	同人建筑设计（苏州）有限公司 杭州万丈建筑设计有限公司（合作）
新三板产业研发楼项目	中衡设计集团股份有限公司
南通市通州区金东新城初中、小学和幼儿园新建项目	南通四建集团建筑设计有限公司
南通天安数码城一期（包含一批、二批）	南通勘察设计有限公司
百家湖文化中心（美术馆）	江苏龙腾工程设计股份有限公司 大元设计咨询（上海）有限公司（合作）
德国克劳斯玛菲高端注塑机智能制造厂房（暂名）工程	中衡设计集团股份有限公司

宿迁市永阳城市之家项目	中衡设计集团股份有限公司
苏州技师学院综合实训楼	苏州城发建筑设计院有限公司
羊尖镇实验小学异地新建项目	江苏博森建筑设计有限公司
连云港市徐圩新区实验学校	江苏华新城市规划市政设计研究院有限公司
雨花台区小行里51号危旧房改造地块经济适用住房项目	南京思成建筑设计咨询有限公司
江阴302422地块项目（南门印象）	江苏筑森建筑设计有限公司
常州市钟楼区（西林）全民健身活动中心综合体（皇粮浜实验学校室内体育馆）	江苏筑森建筑设计有限公司
靖江市职业教育中心改扩建建筑方案及施工图设计（靖江市职业教育中心项目）	常州市规划设计院
新建软件与信息技术服务高标准厂房项目	苏州华造建筑设计有限公司 合院建筑设计咨询（上海）有限公司（合作）
新建澄云小学项目设计	联创时代（苏州）设计有限公司
北海吾悦广场33号购物中心	江苏筑森建筑设计有限公司
树山交通枢纽项目	中铁华铁工程设计集团有限公司 苏州九城都市建筑设计有限公司（合作）
苏州市嘉润广场	中衡设计集团股份有限公司 楷亚锐衡设计规划咨询（上海）有限公司（合作）
苏州太平金融大厦	中衡设计集团股份有限公司 株式会社日建设计（合作）
常州新龙国际商务区商务服务中心新建项目	江苏筑森建筑设计有限公司
扬州华伟国际广场	扬州市建筑设计研究院有限公司
南京技师学院	江苏省建筑设计研究院股份有限公司
常州市武进区火炬路教育培训中心项目	常州市武进建筑设计院有限公司
栖霞区检察院办案和专业技术用房	东南大学建筑设计研究院有限公司
江苏省地质资料库	江苏省建筑设计研究院股份有限公司
南京扬子江新金融创意街区建设项目	南京长江都市建筑设计股份有限公司 刘荣广伍振民建筑咨询（上海）有限公司（合作）
江心洲NO.宁2015GY24地块项目	南京市建筑设计研究院有限责任公司

奥美大厦项目	南京市建筑设计研究院有限责任公司
北斗商务广场1号楼、3号楼	江苏政泰建筑设计集团有限公司
御江山商务酒店	江苏政泰建筑设计集团有限公司
DK20120042地块柏悦酒店项目	悉地（苏州）勘察设计顾问有限公司 KPF建筑师事务所（合作）
水利建设大厦	江苏铭城建筑设计院有限公司
产教融合应用型人才培养实验实训中心一期工程	盐城市建筑设计研究院有限公司 盐城工学院（合作）
北京师范大学盐城附属学校初中、高中部项目	盐城市建筑设计研究院有限公司 北京市建筑设计研究院有限公司（合作）
东方西路南侧、名山路东侧（QL050211）地块（天宁吾悦广场）	江苏筑森建筑设计有限公司 深圳市高盛建筑设计有限公司（合作）
南京N0.2017G08地块商服配套项目——5号楼	江苏省建筑设计研究院股份有限公司 湃昂国际建筑设计顾问有限公司（合作）
XDG-2014-41号地块开发建设（A4-1东侧商业）	江苏博森建筑设计有限公司 GOA大象建筑设计有限公司（合作）
靖江市季市镇中心小学异地新建工程	江苏博森建筑设计有限公司
太湖新城体育公园项目	江苏博森建筑设计有限公司 上海迈柏环境规划设计有限公司（合作）
南通市党风廉政建设教育中心	南通市建筑设计研究院有限公司 常州市园林设计院有限公司（合作）
南通市中央创新区创新一小	南通市建筑设计研究院有限公司 中国中建设计集团有限公司（合作）
淮安生态文旅区枫香路幼儿园	江苏美城建筑规划设计院有限公司
溧阳市御湖城东侧皇仑村（一期）地块开发建设项目实验楼组团（A4-1号、A5-2号基础教学实验楼）	华南理工大学建筑设计研究院有限公司
无锡市东北塘实验小学芙蓉分部新建工程	江苏博森建筑设计有限公司
徐州市太行路小学	厚石建筑设计（上海）有限公司
批发零售、住宿餐饮和商务金融用房项目 （越旺智慧谷B组团研发用房）	苏州苏大建筑规划设计有限责任公司 孚提埃（上海）建筑设计有限公司（合作）
苏州桃花坞唐寅故居文化区新建工程	苏州规划设计研究院股份有限公司
扬州市公共卫生中心建设项目	扬州市建筑设计研究院有限公司
中马钦州产业园启动区农民安置房项目B区（邻里中心）	中衡设计集团股份有限公司
南京江北新区中央商务区开发建设展示中心	南京兴华建筑设计研究院股份有限公司

溧阳市御湖城东侧皇仑村（一期）地块开发建设项目C6风雨操场	华南理工大学建筑设计研究院有限公司
南京鼓楼创新广场	南京市建筑设计研究院有限责任公司
苏州科技城第三实验小学及第四实验幼儿园	苏州科技大学设计研究院有限公司 彼爱游建筑城市设计咨询（上海）有限公司（合作）
盐城市妇幼保健院新院	盐城市建筑设计研究院有限公司 中建国际（深圳）设计顾问有限公司（合作）
清园办案点改扩建工程	江苏华晟建筑设计有限公司
安庆供水集团公司调度检测中心迁建工程	东南大学建筑设计研究院有限公司
涡阳五馆两中心项目	东南大学建筑设计研究院有限公司
安徽省综合性老干部活动中心（老年大学）	苏州东吴建筑设计院有限责任公司 上海同大规划建筑设计有限公司（合作）
溧阳市御湖城东侧皇仑村（一期）地块开发建设项目生活区	江苏新世纪现代建筑设计有限公司 华南理工大学建筑设计研究院有限公司（合作）
南通市第二人民医院门急诊病房综合楼	南通市建筑设计研究院有限公司 上海华东建设发展设计有限公司（合作）
淮安新城市广场33号楼（淮安楚州万达广场）	淮安市建筑设计研究院有限公司
江苏省农业科学院新兴交叉学科实验楼	南京大学建筑规划设计研究院有限公司

城镇住宅和住宅小区

苏地2016-WG-71号地块项目（星翠澜庭）	启迪设计集团股份有限公司
太湖新城WJ-J-2016-26,27地块项目（吴门府）	启迪设计集团股份有限公司 上海日清建筑设计有限公司（合作）
苏地2016-WG-62号地块一期A区住宅项目	启迪设计集团股份有限公司 上海日清建筑设计有限公司（合作）
金轮.无锡马山XDG-2008-38号地块B地块	无锡市建筑设计研究院有限公司
XDG-2011-95号地块二期开发建设项目	江苏博森建筑设计有限公司
无锡市XDG-2010-24号地块A地块	江苏博森建筑设计有限公司
市府雅苑项目	江苏久鼎嘉和工程设计咨询有限公司
金箔龙眼山庄住宅小区（一期）	连云港市建筑设计研究院有限责任公司
XDG-2016-24号地块（A1）建设项目（万科·天一新著）	江苏筑森建筑设计有限公司
GZ063地块房地产项目（一期）（融创颐和公馆）	江苏筑森建筑设计有限公司

皇家花园二期	江苏筑森建筑设计有限公司
茉莉花苑（茉莉公馆）	江苏筑原建筑设计有限公司
蔚林半岛	南京兴华建筑设计研究院股份有限公司
苏地2017-WG-71号地块（一期）	苏州华造建筑设计有限公司 梁黄顾建筑设计（深圳）有限公司（合作）
张地2012-A23-A-2号地块（建发泱誉名邸）	苏州城发建筑设计院有限公司
昆山周市华扬路东、新塘河南侧地块项目（S1~S4号地块）	南京长江都市建筑设计股份有限公司 上海日清建筑设计事务所（有限合伙）（合作）
龙湖古棠悦府（NO.2017G16地块项目）	南京长江都市建筑设计股份有限公司
中和村经济适用房四期地块及地下室	南京市建筑设计研究院有限责任公司
南京市栖霞区西岗果牧场保障房（经济适用房）项目一期	江苏省建筑设计研究院股份有限公司 南京邦建都市建筑设计事务所（合作）
XDG-2016-31号地块项目一期（建发玖里湾）	江苏博森建筑设计有限公司 上海地东建筑设计事务所有限公司（合作）
金隅紫金叠院（NO.2016G07地块项目）	南京长江都市建筑设计股份有限公司 汇张思建筑设计咨询（上海）有限公司（合作）
常州新北区飞龙中路南侧天山路西侧地块项目	江苏浩森建筑设计有限公司
昆山时代悦庭	苏州越城建筑设计有限公司 上海天华建筑设计有限公司（合作）
苏地2016-WG-63号地块（仁恒·运河时代）	中铁华铁工程设计集团有限公司 上海日清建筑设计有限公司（合作）
DK20150172号地块项目	苏州华造建筑设计有限公司 梁黄顾建筑设计（深圳）有限公司（合作）
扬州市蓝湾华府（GZ066地块）居住小区	扬州市建筑设计研究院有限公司
湖滨名都（C地块）住宅小区	扬州市建筑设计研究院有限公司
XDG-2016-47号地块项目（保利时光印象）	江苏博森建筑设计有限公司 上海霍普建筑设计事务所股份有限公司（合作）
南京九间堂项目二期	中衡设计集团股份有限公司

村镇建筑

渔沟镇村级党群服务中心	江苏省子午建筑设计有限公司
镇湖上山茶叶生产基地用房建筑及室内施工图设计	苏州市建筑工程设计院有限公司 苏州贝思勤创意设计有限公司（合作）
树山村改造提升工程	启迪设计集团股份有限公司

地下建筑与人防工程

江苏省苏州第十中学校操场改造及地下停车场等教育用房建设项目	启迪设计集团股份有限公司
宿迁沭阳万达广场地下车库（人防区）	南京优佳建筑设计有限公司
原国际服装城人防工程拆除重建工程	苏州市天地民防建筑设计研究院有限公司

装配式建筑

N0.2016G90地块项目	江苏龙腾工程设计股份有限公司
XDG-2015-25号地块-A2地块-7号楼、8号楼	江苏筑森建筑设计有限公司